畜禽产品安全生产综合配套技术丛书

奶牛标准化安全生产关键技术

李绍钰　主编

中原农民出版社

·郑州·

图书在版编目(CIP)数据

奶牛标准化安全生产关键技术/李绍钰主编. —郑州：
中原农民出版社,2016.9
（畜禽产品安全生产综合配套技术丛书）
ISBN 978 - 7 - 5542 - 1487 - 9

Ⅰ.①奶… Ⅱ.①李… Ⅲ.①乳牛 - 饲养管理 - 标准化
Ⅳ.①S823.9 - 65

中国版本图书馆 CIP 数据核字（2016）第 213249 号

奶牛标准化安全生产关键技术

李绍钰　主编

出版社:中原农民出版社

地址:河南省郑州市经五路 66 号　　　　　　　**邮编:**450002

网址:http://www. zynm. com　　　　　　　　**电话:**0371 - 65788655

发行单位:全国新华书店　　　　　　　　　　　**传真:**0371 - 65751257

承印单位:新乡市豫北印务有限公司

投稿邮箱:1093999369@ qq. com

交流 QQ:1093999369

邮购热线:0371 - 65788040

开本:710mm × 1010mm　　1/16

印张:8.5

字数:142 千字

版次:2016 年 10 月第 1 版　　　　　　　　　**印次:**2016 年 10 月第 1 次印刷

书号:ISBN 978 - 7 - 5542 - 1487 - 9　　　　　　**定价:**20.00 元

　　　　本书如有印装质量问题，由承印厂负责调换

畜禽产品安全生产综合配套技术丛书
编 委 会

顾　问　张改平

主　任　张晓根

副主任　边传周　汪大凯

成　员　(按姓氏笔画排序)

王永芬　权　凯　乔宏兴　任战军

刘太宇　刘永录　李绍钰　周改玲

赵金艳　胡华锋　聂芙蓉　徐　彬

郭金玲　席　磊　黄炎坤　魏凤仙

本 书 作 者

主　编　李绍钰

参　编　徐　彬　陈如水

序

近年来,我国采取有力措施加快转变畜牧业发展方式,提高质量效益和竞争力,现代畜牧业建设取得明显进展。第一,转方式,调结构,畜牧业发展水平快速提升。持续推进畜禽标准化规模养殖,加快生产方式转变,深入开展畜禽养殖标准化示范创建,国家级畜禽标准化示范场累计超过4 000家。规模养殖水平保持快速增长。制定发布《关于促进草食畜牧业发展的意见》,加快草食畜牧业转型升级,进一步优化畜禽生产结构。第二,强质量,抓安全,努力增强市场消费信心。坚持产管结合、源头治理,严格实施饲料和生鲜乳质量安全监测计划,严厉打击饲料和生鲜乳违禁添加等违法犯罪行为。切实抓好饲料和生鲜乳质量安全监管,保障了人民群众"舌尖上的安全"。畜牧业发展坚持"创新、协调、绿色、开放、共享"发展理念,坚持保供给、保安全、保生态目标不动摇,加快转变生产方式,强化政策支持和法制保障,努力实现畜牧业在农业现代化进程中率先突破的目标任务。

随着互联网、云计算、物联网等信息技术渗透到畜牧业各个领域,越来越多的畜牧从业者开始体会到科技应用带来的巨变,并在实践中将这些先进技术运用到整条产业链中,利用传感器和软件通过移动平台或电脑平台对各环节进行控制,使传统畜牧业更具"智慧"。智慧畜牧业以互联网、云计算、物联网等技术为依托,以信息资源共享运用、信息技术高度集成为主要特征,全力发挥实时监控、视频会议、远程培训、远程诊疗、数字化生产和畜牧网上服务超市等功能,达到提升现代畜牧业智能化、装备化水平,以及提高行业产能和效率的目的。最终打造出集健康养殖、安全屠宰、无害处理、放心流通、绿色消费、追溯有源为一体的现代畜牧业发展模式。

同时,"十三五"进入全面建成小康社会的决胜阶段,保障肉蛋奶有效供给和质量安全、推动种养结合循环发展、促进养殖增收和草原增绿,任务繁重而艰巨。实现畜牧业持续稳定发展，面临着一系列亟待解决的问题：畜产品消费增速放缓使增产和增收之间矛盾突出，资源环境约束趋紧对传统养殖方式形成了巨大挑战，廉价畜产品进口冲击对提升国内畜产品竞争力提出了迫切要求，食品安全关注度提高使饲料和生鲜乳质量安全监管面临着更大的压力。

"十三五"畜牧业发展，要更加注重产业结构和组织模式优化调整，引导产业专业化分工生产，提高生产效率；要加快现代畜禽牧草种业创新，强化政策支持和科技支撑，调动育种企业积极性，形成富有活力的自主育种机制，提升产业核心竞争力；要进一步推进标准化规模养殖，促进国内养殖水平上新台阶；要积极适应经济"新常态"变化，主动做好畜产品生产消费信息监测分析，加强畜产品质量安全宣传，引导生产者立足消费需求开展生产；要按照"提质增效转方式，稳粮增收可持续"工作主线，推进供给侧结构性改革，加快转型升级，推行种养结合、绿色环保的高效生态养殖，进一步优化产业结构，完善组织模式，强化政策支持和法制保障，依靠创新驱动，不断提升综合生产能力、市场竞争能力和可持续发展能力，加快推进现代畜牧业建设；要充分发挥畜牧业带动能力强、增收见效快的优势，加快贫困地区特色畜牧业发展，促进精准扶贫、精准脱贫。

由张晓根教授组织编写的《畜禽产品安全生产综合配套技术丛书》涵盖了畜禽产品质量、生产、安全评价与检测技术，畜禽生产环境控制，畜禽场废弃物有效控制与综合利用，兽药规范化生产与合理使用，安全环保型饲料生产，饲料添加剂与高效利用技术，畜禽标准化健康养殖，畜禽疫病预警、诊断与综合防控等方面的内容。

丛书适应新阶段新形势的要求，总结经验，勇于创新。除了进一步激发养殖业科技人员总结在实践中的创新经验外，无疑将对畜牧业从业者培训，促进产业转型发展，促进畜牧业在农业现代化进程中率先取得突破，起到强有力的推动作用。

中国工程院院士

2016 年 6 月

目　录

第一章 概　述

健康养殖的概念最早是在 20 世纪 90 年代中后期提出的,其目的是要保护动物健康,生产安全营养的畜产品,最终实现无公害牧业生产,保护人类健康。健康养殖包含三个方面的含义:①动物健康,即以保护动物健康、提高动物福利为主线。②人类健康,即以生产质量安全、富含营养品的无公害畜产品,以保护人类健康为目的。③环境健康,即生产方式要符合节约资源、减少对环境影响的原则。奶牛标准化健康养殖就是通过推行畜禽良种化、养殖设施化、生产规范化、防疫制度化、粪污无害化来达到奶牛健康养殖目的的生产方式。

奶牛养殖标准化是农业现代化建设的一项重要内容,是"科技兴农"的载体和基础。它通过把先进的科学技术和成熟的经验组装成相关标准,推广应用到奶牛养殖生产和经营活动中,把科技成果转化为现实的生产力,从而取得经济、社会和生态的最佳效益,达到高产、优质、高效的目的。

奶牛标准化安全生产是立足于传统奶牛养殖,解决奶牛业生态环保、无公害、规模化、标准化、质量安全等问题,是以安全优质、高效、环保为主要内涵的可持续发展的奶牛养殖业。

第一节　我国奶牛养殖现状

近年来,受政策的引导和养殖效益的驱动,我国奶牛业及乳业保持着强劲的增长势头。2010 年我国百头以上养殖场(户)奶牛存栏量约占 28.48%,比 2008 年提高了 8.7%。2011 年我国畜牧业实现稳产增收,畜产品质量稳步提升,草原生态保护建设加快推进。截至 2011 年年底,全国牛奶产量 3 656 万吨,奶牛存栏量超过 1 400 万头。目前我国牧场的规模化比重达 30%,有些牧场日产量在 100 吨以上。"十二五"现代畜牧业建设开局良好,现代畜牧业建设步伐明显加快。2012 年我国加大政策扶持力度,将提升奶业生产水平、大力推进标准化规模养殖和建设现代草原畜牧业作为畜牧业工作重点,中国奶牛养殖在不断向规模化、有序化方向发展。由于之前粗放落后的生产方式导致乳产品质量问题日渐突出,2012 年我国制订并强化生鲜乳质量安全监管、组织实施草原生态保护建设工程规划。为满足对奶源总量、质量及生态环境保护的需求,我国奶牛业必将向标准化、生态化方向发展。

目前我国已逐步建立起一些生态农业示范区,变废为宝进行生态环境保护,建设资源节约型企业,发展畜牧业循环经济链条。例如,位于山东泰安的某生态农业养牛示范基地,绿化面积已经达到 80%,奶牛饲养管理较好,并对粪便进行了无公害处理,整体环境清洁卫生,建立了"畜-肥-果(菜、渔、牧草)"生态农业模式,实现了废弃物资源化利用。该生态农业模式有以下 4 个特点:实现了由"高投入、低利用、高排放"向"低投入、高利用、低排放"的转变;由单一强调生产效益向兼顾生态经济的协调发展方式转变;由常规生产方式向物质循环和能量转换的生态乳业体系转变;由注重生产管理向生产、资源保护和农民利益等全方位管理转变。养牛场采取以"中心畜牧场+粪便处理生态系统+废水净化处理生态系统"的人工生态畜牧场模式。粪便固液分离,固体部分进行沼气发酵,建造适度的沼气发酵塔和沼气储气塔以及配套发电附属设施,合理利用沼气产生的电能。发酵后的沼渣可以改良土壤的品质,保持土壤的团粒结构,使种植的瓜、菜、果、草等产量颇丰,池塘水生莲藕、鱼产量大,田间散养的土鸡风味鲜美。利用废水净化处理生态系统,将奶牛场的废水及尿水集中控制起来,进行土地外流灌溉净化,使废水变成清水循环利用,从而达到奶牛场的最大产出。据统计,3 000 头的养牛场,每天可产牛粪 150 吨、产生沼气 2 250 米^3,可用来发电 2 500 千瓦,发电量满足了整个奶牛场的设施和养殖人员的生活需求,创造了巨大的环境效益和经济效益。

河北省某奶牛养殖场将牛粪施于葡萄种植园,又将葡萄酿酒之后剩下的副产品酒糟作为奶牛的上等饲料(可提高奶牛单产及牛奶乳脂率),达到了"双赢"效果。这样的生态系统,改善了周围的环境,减少了人畜共患病的发生,保持了环境处于生态平衡中。这种循环经济有利于畜牧业的健康持续发展,可以为其他大型养牛场起到示范带动作用。

第二节 国外奶牛业发展的先进经验

发达国家的乳品企业采用生产、加工、销售高度一体化的模式,从奶牛的饲养到乳品的生产加工、市场营销全部实行一体化。我国目前的奶源基地和乳品加工企业,还没有真正建立起风险共担、利益共享的产业化链条。由于原料奶收购、加工、运销的地区垄断性,加工者实际上掌握着原料奶的定价权,生产者的利益往往得不到维护和保证。企业的组织化程度和产业化程度低,是我国乳品企业发展一个很致命的问题。

种草养牛既是优质粗饲料之需,也是粪尿消纳之法,是农牧生产生态良性循环的关键环节。国外奶牛养殖场是种养结合,农牧良性生态循环。在欧美等发达地区多为家庭牧场,种地为养畜,一般每头成年奶牛匹配1公顷的饲草、饲料种植地,牛粪肥田。例如,在荷兰饲养80多头成奶牛,一般占有耕地100多公顷;在加拿大饲养60多头成奶牛一般拥有耕地120公顷,其中80%的耕地种植青贮玉米和牧草。在新西兰,国家法律规定牧场少于26公顷的人工草地不能养牛,这从法律上为养牛业的健康持续发展提供了保障,可为我国提供借鉴。

美国奶业主要采用的是规模牧场养殖模式,可以保证企业较大程度上对奶源质量的控制。同时,美国奶业是产业化程度最高的产业,高达98%。奶业合作组织体系在美国相当发达,主要有供应合作社、奶牛改良合作社、销售合作社三类,为奶牛场提供饲料、种子、农药、机械等,而且还提供奶牛改良技术、牛奶收购、运输、储存、加工、销售方面的服务。另外,美国奶业在发展过程中不断追求技术进步,科技在奶业发展中的作用占60%以上。良种繁育技术的推广大大提高了牛群的产奶量,改善牛群饲养管理条件、改进疾病控制方法等使个体奶牛的产奶量得以继续增加。自1950年以来,美国奶牛存栏总头数一直减少,单产奶量一直增加,因此总产奶量持续增加。

北海道是日本的奶源基地,能生产全国 50% 以上的牛奶,其品牌牛奶具有独特品质风味。这首先源自奶牛品种,牧场选用荷斯坦奶牛和具有独特品质的德国安格拉奶牛两个品种;然后,牧场每年从 3 月底到 11 月底以天然放牧为主,不喂任何精饲料,仅在冬天牛才进入传统牛舍集中饲养,每天早晚挤两次奶,有专人进行赶牛、药浴乳房等一系列操作,挤完奶之后再放牧;最后,养牛户也利用各种方法提高自己的竞争力,如给牛听音乐、喝啤酒、吃药膳等。

在荷兰,现有的 22 家乳品厂中有 13 家是产、加、销一体化的合作社,其中包括供应本国 80% 牛奶及其制品的三家最大的加工厂。在芬兰,以股份制形式组成的全国联社性质的一体化奶业公司瓦利奥公司,吸收了全国 2 万多个奶牛户(占全国 80%)参加,在全国设立 33 个加工厂,品种多,加工量占全国的 77%,年营业额已达 18 亿美元之多。

新西兰实行高度纵向一体化的模式。最低一级是农场主,然后是奶农合作社,最上面一级是乳业委员会。农场主拥有合作社的股份,合作社又拥有乳业委员会的股份。农场主把生产出来的牛奶卖给合作社,合作社把奶卖给乳业委员会,乳业委员会通过全球营销网络把这些乳制品销售到海外。

德国主要以家庭牧场形式存在,规模一般在 100～200 头,同时拥有土地 200～300 公顷。牛场和土地的管理由 3～4 人即可完成。由于欧盟奶业生产政策的影响,牧场受到配额生产限制。近 20 年来,德国牧场经历了由数量增长型向质量提高型的根本转变,主要表现在技术进步上。在设施上,德国人还投资兴建了设计先进的牛舍和挤奶厅,形成了散栏式牛舍和挤奶厅配套的现代化舍饲方式。与此同时,牛舍开始使用漏缝木地板,这样既可以储存牛粪,又可减少清洁牛粪时的劳动强度和劳动力,为机械化清粪创造了条件。奶牛饲养技术也在不断改进,饲料从以前以青干草为主改进成饲草青贮技术。现在德国很多牧场基本已实现计算机管理,提高了管理和决策效率。

意大利的奶牛饲养经历了由传统的粗放型饲养模式向小型集约型饲养模式的转变。尽管农场规模普遍较小(22 头/农场),但由于合理、有效的组织,绝大多数农场实现了现代化管理。在奶业市场中,除少部分养殖场自己加工所生产的牛奶(多数处于山区地带)外,绝大部分养殖者同加工厂签订买卖合同。

瑞典人的餐桌离不开奶制品,据瑞典农业部门统计,目前奶业产值占该国农业总产值的 35%。瑞典奶业最重要的特征,是在奶源上保证了安全。在瑞典,每头奶牛都有"身份证",也就是佩戴在牛耳朵上的芯片耳标,记录了奶牛的个体身份、育种记录、健康记录以及每天的采食量、产奶量等相关信息。这些信息可以直接存储进计算机,一旦牛奶出现问题,能够追溯到奶牛个体。奶牛大都采取以放牧为主、补饲为辅的饲养管理方式。草场是经精心维护的人工草场,牧草也是专门为奶牛饲养而选育出来的品种。为了保证奶牛营养均衡,还要按时喂一些混合饲料。瑞典饲料企业必须有合格证书才被允许向奶牛场提供混合饲料。这些混合饲料是由天然成分配制而成的,不含抗生素,不含产量增长剂,不含任何人工合成的添加剂。另外,奶农协会每年定期组织培训,教奶农如何应用先进的管理技术等,所有的奶牛饲养者都必须通过专门的考试,拿到奶牛饲养证。同时,政府还会对牛奶质量好的奶农进行奖励。

针对畜禽粪便污染的问题,各国也制定了相应的法律。日本自20世纪70年代发生严重的"畜场公害"后,制定了《废弃物处理与消除法》等7部法律。挪威1970年颁发《水污染法》,环保部于1973～1980年又发布了许多法规,规定在封冻和雪覆盖的土地上禁止倾倒任何牲畜粪肥,禁止畜禽污水排入河流。荷兰1971年立法规定,直接将粪便排到地表水中为非法行为。新加坡政府规定,养猪场的污水排放必须小于250毫克/升。美国水污染法中的规定侧重于畜禽场建设管理,超过一定规模的畜禽场,建场必须取得环境许可证。德国规定畜禽粪便不经处理不得排入地下水源或地面。丹麦规定根据每公顷土地可容纳的粪便量,确定畜禽最高密度指标,施入裸露土地上的粪肥必须在12小时内犁入土壤中,在冻土或被雪覆盖的土地上不得施用粪肥,每个农场的储粪能力要达到储纳9个月的产粪量。

据中国奶协统计,2009年我国成年奶牛存栏量1 218万头,平均单产为4 804千克,只相当于美国成奶牛单产的53%,其主要原因是优良品种少及缺乏优质粗饲料。由于多数奶农不懂选种技术,见母就留,很少淘汰,致使良种高产奶牛比例低。奶牛的饲养原则是以粗饲料为主,精饲料为辅。目前大部分规模奶牛场不仅购买精饲料,而且高价(每吨2 250～2 400元)进口优质苜蓿干草养牛,不仅成本高,而且不能保证大量、稳定、高质量的供应。因此,土地资源配置量决定着我国奶牛饲料,特别是优质粗饲料的生产供应量、饲养规模以及粪尿肥田的消纳量,这是制约我国将来奶牛业高水平发展的决定性物质基础。

第三节　奶牛标准化安全生产的概念和意义

　　破解畜牧业发展与环境保护这一"两难"的问题,关键出路在于生态、标准化与健康养殖。生态、标准化与健康养殖有3个方面的含义:一是生态,就是构建良性循环的生产系统,使系统内的物质和能量被有效循环利用,使废弃物减量化、无害化、资源化;二是标准化,是指在一定范围内获得最佳秩序,对实际的潜在问题制定具有共同性和重复性规则的活动,奶牛养殖标准化是以奶牛养殖为对象的标准化活动,即运用"统一、简化、协调、选优"原则,通过制订和实施标准,把奶牛养殖产业前、中、后各个环节纳入标准生产和标准管理的轨道;三是健康养殖,就是遵循畜禽生物特性进行科学养殖,提高畜禽健康水平,提升养殖效益和产品质量。生态养殖、标准化养殖与健康养殖是相辅相成、相互促进的,其关键环节在于废弃物的综合利用和养殖环境的科学控制。

　　与传统养殖模式不同,标准化与健康养殖能合理利用土地和环境资源,有效防止养殖污染,变废为宝、综合利用,既保护了环境又提高了产出,实现经济效益、社会效益、生态效益的同步提高。奶牛养殖标准化是农业现代化建设的一项重要内容,是"科技兴农"的载体和基础。它通过把先进的科学技术和成熟的经验组装成相关标准,推广应用到奶牛养殖生产和经营活动中,把科技成果转化为现实的生产力,从而取得经济、社会和生态的最佳效益,达到高产、优质、高效的目的。

　　标准化健康养殖是奶牛养殖现代化的必由之路。奶牛标准化安全生产模式见图1-1至图1-5。

图1-1　生态放牧牛场

图1-2　生态循环——果园养鸡　　图1-3　生态循环——食用菌栽培基地

图1-4　节能减排是畜禽养殖业可持续发展的根本策略

图1-5　标准的生态环境及管理才能生产出安全优质牛奶

第二章　养殖场的设计与建设

　　《奶牛标准化规模养殖生产技术规范》(试行)以规模化奶牛场和奶牛养殖小区为对象,包括选址与设计、饲料与日粮配制、饲养管理、选育与繁殖、卫生与防疫、挤奶厅建设与管理、粪便及废弃物处理、记录与档案管理8个方面的技术要求,为转变奶牛养殖生产方式提供技术性指导。

第一节　奶牛场及养殖小区选址与设计

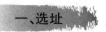

一、选址

　　原则上应符合当地土地利用发展规划,与农牧业发展规划、农田基本建设规划等相结合,科学选址,合理布局。另外,还要符合以下条件:应建在地势高燥、背风向阳、地下水位较低,具有一定缓坡而总体平坦的地方,不宜建在低洼、风口处;水源应充足并符合卫生要求,取用方便,能够保证生产、生活用水;土质以沙壤土、沙土较适宜,黏土不适宜;气象要综合考虑当地的气象因素,如最高温度、最低温度、湿度、年降水量、主风向、风力等,选择有利地势;交通便利,但应离公路主干线不小于 500 米;周边环境应位于距居民点 1 000 米以上的下风处,远离其他畜禽养殖场,周围 1 500 米以内无化工厂、畜产品加工厂、屠宰厂、兽医院等容易产生污染的企业和单位。标准化奶牛场见图 2-1。

图 2-1　标准化奶牛场

二、布局

　　奶牛场(小区)一般包括生活管理区、辅助生产区、生产区、粪污处理区和病畜隔离区等功能区。具体布局应遵循以下原则:

　　1. 生活管理区

　　包括与经营管理有关的建筑物。应在牛场(小区)上风处和地势较高地段,并与生产区严格分开,保证 50 米以上距离。

　　2. 辅助生产区

　　主要包括供水、供电、供热、维修、草料库等设施,要紧靠生产区布置。干草库、饲料库、饲料加工调制车间、青贮窖应设在生产区边沿下风地势较高处。

3. 生产区

主要包括牛舍、挤奶厅、人工授精室等生产性建筑。应设在场区的下风位置，入口处设人员消毒室、更衣室和车辆消毒池。生产区奶牛舍要合理布局，能够满足奶牛分阶段、分群饲养的要求，泌奶牛舍应靠近挤奶厅，各牛舍之间要保持适当距离，布局整齐，以便防疫和防火。

4. 粪污处理、病畜隔离区

主要包括兽医室、隔离畜舍、病死牛处理及粪污储存与处理设施。应设在生产区外围下风地势较低处，与生产区保持 300 米以上的间距。粪尿污水处理、病畜隔离区应有单独通道，便于病牛隔离、消毒和污物处理。

奶牛场（小区）分区布局示意图见图 2-2。

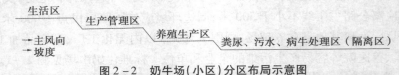

图 2-2　奶牛场（小区）分区布局示意图

第二节　牛舍设计及建设

一、牛舍类型

按开放程度分为全开放式牛舍、半开放式牛舍和封闭式牛舍。

全开放式牛舍外围护结构全部开放，结构简单，无墙、柱、梁，顶棚结构坚固。一般在我国中部和北方等气候干燥的地区采用较多。半开放式牛舍三面有墙，向阳一面敞开，有顶棚，在敞开一侧设有围栏。牛舍的敞开部分在冬季可以遮拦封闭，适宜于南方地区。封闭式牛舍有四壁、屋顶，留有门窗，目前在我国各地区都有采用。

另外，按屋顶结构分为钟楼式、半钟楼式、双坡式和单坡式等；按奶牛在舍内的排列方式分为单列式、双列式、三列式或四列式等。

牛舍类型示意图分别见图 2-3 至图 2-5。

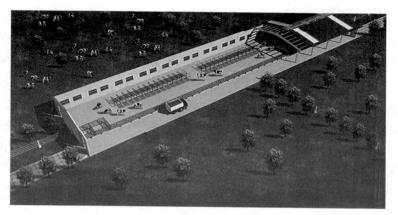

图 2 - 3   双坡式单列半封闭散栏牛舍

图 2 - 4   双坡式双列全封闭散栏牛舍

图 2 - 5   钟楼式双列半开放散栏牛舍

二、牛舍的建设

牛舍是牛生活的重要环境和从事生产的场所。所以,建设牛舍时必须根据牛的生物学特性和饲养管理及生产上的要求,创建适合牛的生理要求和高效生产的环境。

牛舍内的牛在不停地活动,工作人员在进行各种生产劳动,不断地产生大量热量、水汽、灰尘、有害气体和噪声。同时,由于内部结构和设施的原因,舍内外空气不能充分交换,易造成舍内空气温度、湿度常比舍外高,灰尘和有害气体甚至高出很多,构成了特定的小气候。为了保证人、畜的健康和奶牛高度的生产力,在建筑牛舍时,结构、设施各方面都应符合卫生要求。

1. 牛舍的结构

(1)基础 应有足够的强度和稳定性,坚固,防止地基下沉、塌陷和建筑物发生裂缝倾斜。具备良好的清粪排污系统。

(2)墙壁 要求坚固结实、抗震、防水、防火,具有良好的保温和隔热性能,便于清洗和消毒,多采用砖墙并用石灰粉刷。

(3)屋顶 能防雨水、风沙侵入,隔绝太阳辐射。要求质轻、坚固耐用、防水、防火、隔热保温,能抵抗雨雪、强风等外力因素的影响。

(4)地面 牛舍地面要求致密坚实,不打滑,有弹性,便于清洗消毒,具有良好的清粪排污系统。

(5)牛床 牛床(图2-6)应有一定的坡度,垫料应有一定的厚度。沙土、锯末或碎秸秆可作为垫料,也可使用橡胶垫层。

图2-6 牛床

（6）门高　不低于2米，宽2.2~2.4米，坐北朝南的牛舍，东西门对着中央通道，百头成年奶牛舍通到运动场的门不少于3个。

（7）窗　能满足良好的通风换气和采光。窗户面积与舍内地面面积之比，成年奶牛为1：12，犊牛为1：（10~14）。一般窗户宽为1.5~3米，高1.2~2.4米，窗台距地面1.2米。

（8）牛栏　分为自由卧栏和拴系式牛栏两种。自由卧栏的隔栏结构主要有悬臂式和带支腿式，一般使用金属材质悬臂式隔栏。拴系饲养根据拴系方式不同可分为链条拴系和颈枷拴系，常用颈枷拴系，有金属和木制两种。

（9）牛舍的建筑工艺要求　成年奶牛舍可采用双坡双列式或钟楼、半钟楼式双列式。双列式又分对头式与对尾式两种。饲料通道、饲槽、颈枷、粪尿沟的尺寸大小应符合奶牛生理和生产活动的需要。青年牛舍、育成牛舍多采用单坡单列敞开式。根据牛群品种、个体大小及需要来确定牛床、颈枷、通道、粪尿沟、饲槽等的尺寸和规格。犊牛舍多采用封闭单列式或双列式，初生至断奶前犊牛宜采用犊牛岛饲养。

（10）通道　连接牛舍、运动场和挤奶厅的通道应畅通，地面不打滑，周围栏杆及其他设施无尖锐突出物。

2. 运动场（图2-7）

图2-7　运动场

（1）面积　成年奶牛的运动场面积应为每头25~30米²，青年牛的运动场面积应为每头20~25米²，育成牛的运动场面积应为每头15~20米²，犊牛的运动场面积应为每头8~10米²。运动场可按50~100头的规模用围栏分成小的区域。

（2）饮水槽　应在运动场边设饮水槽,按每头牛20厘米计算水槽的长度,槽深60厘米,水深不超过40厘米,供水充足,保持饮水新鲜、清洁。

（3）地面　地面平坦、中央高,向四周方向呈一定的缓坡度状。

（4）围栏　运动场周围设有高1~1.2米围栏,栏柱间隔1.5米,可用钢管或水泥桩柱建造,要求结实耐用。

（5）凉棚（图2-8）　凉棚面积按成年奶牛每头4~5米^2,青年牛、育成牛按每头3~4米^{2}计算,应为南向,棚顶应隔热防雨。

图2-8　凉棚

3.配套设施

（1）电力　牛场电力负荷为2级,并宜自备发电机组。

（2）道路　道路要通畅,与场外运输连接的主干道宽6米,通往畜舍、干草库(棚)、饲料库、饲料加工调制车间、青贮窖及化粪池等运输支干道宽3米。运输饲料的道路与粪污道路要分开。

（3）用水（图2-9）　牛场内有足够的生产和饮用水,保证每头奶牛每天的用水量300~500升。

图2-9　奶牛场优质水源

（4）排水　场内雨水采用明沟排放,污水采用暗沟排放和三级沉淀系统。

（5）草料库（图2-10）　根据饲草饲料原料的供应条件,饲草储存量应满足3~6个月生产需要用量的要求,精饲料的储存量应满足1~2个月生产用量的要求。

图2-10　草料库

（6）青贮窖（图2-11）　青贮窖(池)要选择建在排水好、地下水位低、可防止倒塌和地下水渗入的地方。无论是土质窖还是用水泥等建筑材料制作的永久窖,都要求密封性好,防止空气进入。墙壁要直而光滑,要有一定深度和斜度,坚固性好。每次使用青贮窖前都要进行清扫、检查、消毒和修补。青贮窖的容积应保证每头牛不少于7米^3。

（7）饲料加工车间（图2-12）　远离饲养区,配套的饲料加工设备应能满足牛场饲养的要求。配备必要的草料粉碎机、饲料混合机等。

（8）消防设施（图2-13）　应采用经济合理、安全可靠的消防设施。各牛舍的防火间距为12米,草垛与牛舍及其他建筑物的间距应大于50米,且不在同一主导风向上。草料库、加工车间20米以内分别设置消火栓,可设置专用的消防泵与消防水池及相应的消防设施。消防通道可利用场内道路,应确保场内道路与场外公路畅通。

图2-11 青贮窖

图2-12 饲料加工车间

（9）牛粪堆放和处理设施（图2-14） 粪便的储存与处理应有专门的场地，必要时用硬化地面。牛粪的堆放和处理位置必须远离各类功能地表水体（距离不得小于400米），并应设在养殖场生产及生活管理区的常年主导风向的下风向或侧风向处。

图 2 - 13　消防设施

图 2 - 14　牛粪处理设施

三、奶牛场的绿化

　　树木具有遮阳、降温和调节湿度的重要作用。绿化可以显著改善牛场的温度、湿度、气流和日晒等,吸收牛场空气中的二氧化碳和其他有害气体的含量,有益于人、畜的健康,而且可以起到防疫和防火等良好作用。因此,绿化设计是整个牛场设计的一部分,对绿化应进行统一规划和布局。在规划设计中,应根据当地的自然条件,因地制宜。在北方寒冷地区,一般气候比较干燥,应根据主风向及风沙大小,设计牛场防护林的宽度、密度和位置,并选用适应当地土壤条件的林木或草种进行种植。在南方炎热的夏季,强烈的日光照射对牛影响较大,往往造成食欲减退、产奶量下降、生长发育减缓,严重的可引起中暑。如在运动场周围有树木遮阳,牛在舍外可避免日光照射。

1. 场界林带的建设

在牛场边界种植乔木和灌木混合林,如河柳、侧柏等。特别是在牛场边界的北、西侧,应加宽这种混合林带(宽度1米以上,一般至少种5行),以起到防风、阻沙作用,见图2-15。

图2-15 奶牛场场界林带

2. 场区隔离带的建设

主要用以分隔场内各区及可能发生的火灾。如在生产区、住宅区及生产管理区的四周,都应有这种隔离林带,一般可栽杨树、柳树、榆树等。其两侧栽灌木,必要时在沟渠两侧种植1~2行,以便切实起到隔离作用。

3. 运动场的遮阳树林(图2-16)

在运动场的南面及两侧,应设1~2行遮阳树林。一般可选枝叶开阔、生长势强、冬季落叶后枝条稀少的树种,如杨树及枫树等,兼具观赏及经济价值。但必须采取保护措施,以防牛损坏。

图 2 - 16　遮阳树林

4.场内外道路两旁的绿化

路旁绿化一般种 1 ~ 2 行树,常用树冠整齐的乔木或亚乔木(如槐树、杏树及某些树冠呈锥形、枝条开阔、整齐的树种)。可根据道路的宽窄,选择树种的高矮。在靠近建筑物的采光地段,不应种植枝叶繁茂的树种。

四、环境质量监控

环境质量监控是指对环境中某些有害因素进行检查和测量,是牛场环境质量管理的重要环节之一。其目的是了解被监控环境受到污染的状况,及时发现环境污染问题,采取有效的防控措施,使场内保持良好的环境。一般情况下,应对场内的空气、水质、土壤、饲料及畜产品进行全面监测。

1.饮用水质量检测及要求

总的要求是水量充足,水质优良。

(1)感官性状　色度≤15 度,不呈现其他异色,混浊度≤5 度。无异臭或异味,不含肉眼可见物。

(2)化学指标　酸碱度 6.5 ~ 8.5,总硬度≤250 毫克/升,阳离子合成洗涤剂≤0.3 毫克/升。

(3)毒理指标　氰化物≤0.05 毫克/升,汞≤0.001 毫克/升,铅≤0.16 毫克/升。

(4)细菌学指标　细菌总数≤100 个/升,大肠杆菌≤3 个/升。

2. 空气质量监测及要求

主要包括温度、湿度、气流方向及速度、通风换气量、照明度、氨气、硫化氢、二氧化碳等项目。奶牛因体格较大，新陈代谢旺盛，产热量多，耐寒怕热。高温时，奶牛采食量下降，饲料利用率降低，产奶量下降。最适合产奶的温度是 $10 \sim 20℃$。若温度高会对蒸发散热不利，加重热的不良影响。夏季高温时应加大通风量，提高风速，必要时可淋水降温。

3. 土壤质量检测

土壤可能容纳着大量污染物，因为奶牛在放牧、采食等时，会因直接接触土壤而将其污染，在土壤上生长的受污染的植物通常作为饲料，进而又会危害家畜。土壤质量检测项目包括硫化物、氟化物、五项污染物、氮化合物、农药等。

第三节　主要标准化健康养殖模式

改革开放以来，中国畜牧业发生的变化和取得的成就空前。肉类、禽蛋总产量连续多年位居世界第一，为提高人民生活水平做出了重大贡献。畜产品之所以能够快速增长，与畜牧业生产方式的变化是分不开的。

近几年，许多地方都在积极探索解决规模养殖所引发的污染问题。农业部贯彻落实 2005 年中央 1 号文件，于 2006 年启动了"标准化畜禽养殖小区试点项目"，重点建设粪污无害化处理设施，推广"三改、两分、再利用"养殖污染防控技术。即"改水冲清粪为干式清粪、改无限用水为控制用水、改明沟排污为暗道排污，固液分离、雨污分离，排泄物无害化处理后综合利用"，使畜禽粪污减量化、无害化、资源化。2007 年，中央财政投入近 30 亿元，启动了生猪、奶牛标准化规模养殖场建设项目，粪污无害化处理设施作为重点实施内容之一。国内大致有以下几种生态农业模式：

一、北方"四位一体"生态农业模式

它的主要形式是在一个 150 米^2 塑膜日光温室的一侧，建一个 $8 \sim 10$ 米^3 地下沼气池，其上建一个约 20 米^2 的猪舍和一个厕所，形成一个封闭状态下的能源生态系统。主要的技术特点是：①圈舍的温度在冬天提高了 $3 \sim 5℃$，为畜禽提供适宜的生存条件，使畜禽的生长期缩短。饲养量的增加，又为沼气池提供了充足的原料。②畜舍下的沼气池由于得到了太阳热能而增温，解决

了北方地区在寒冷冬季的产气技术难题。③畜禽呼出大量的二氧化碳,使日光温室内的二氧化碳浓度提高了 4~5 倍,大大改善了温室内蔬菜等农作物的生长条件,蔬菜产量增加,质量明显提高,成为一类绿色无污染的农产品。这种"四位一体"模式在辽宁等北方地区已经推广到 21 万户,冬季平均每户收入增加了 4 000~5 000 元。

二、南方"畜–沼–果"生态农业模式

主要形式是"户建一口沼气池,人均年出栏两头畜,人均种好一亩果"。它是用沼液加饲料喂畜,使畜禽提前出栏,节省饲料 20%,大大降低了饲养成本,激发了农民养殖的积极性;施用沼肥的脐橙等果树,要比未施肥的果树年生长量高 0.2 米多,植株抗寒、抗旱和抗病能力明显增强,生长的脐橙等水果的品质提高 1~2 个等级;每个沼气池还可节约砍柴工 150 个。这种模式在我国南方得到大规模推广。

三、西北"五配套"生态农业模式

具体形式是每户建一个沼气池、一个果园、一个暖圈、一个蓄水窖和一个看营房。实行人厕、沼气、猪圈三结合,圈下建沼气池,池上搞养殖,除养猪外,圈内上层还放笼养鸡,形成鸡粪喂猪,猪粪池产沼气的立体养殖和多种经营系统。这种模式以土地为基础,以沼气为纽带,形成以农带牧、以牧促沼、以沼促果、果牧结合的配套发展和生产良性循环体系。它的好处是"一净、二少、三增",即净化环境,减少投资、减少病虫害,增产、增收、增效。

四、西南区模式

西南区模式是在高处修建窖式蓄水池,实行高水高蓄,在旱坡地上聚土筑垄,在垄底先放有机肥,垄上种植怕渍作物(如红薯、花生、棉花),垄沟深耕培肥,种植需水作物(如蔬菜、玉米等)。沟内建横的土挡,增加对降水的拦蓄作用。夏季收获垄上作物后留基免耕,秋季实行少耕。垄和沟定期互换。地的周围种树,利用落叶作有机肥。这种模式使土壤侵蚀量下降 70%,径流减少,土壤储水增加,水分利用率提高,作物产量提高 17%~24%。

五、城郊区模式

目前,我国城市的菜、肉、鱼、蛋、奶、花等鲜活产品的供应仍主要来自城郊

区。城郊区也最先获得工业生产所提供的化肥、农药、薄膜、机械以及科研部门提供的技术和优良种苗。城郊区还要接纳城市的扩散工业和排放的废渣、废水和废气。北京某郊区做了大幅调整：建设小型奶牛场，扩大肉牛场和鸡场，建立饲料加工厂和豆制品厂，建立250亩蔬菜大棚和400米^{2}蘑菇房，强化蔬菜、饲料和加工生产。这种措施实行后，对首都市场的贡献也越来越大，成为城郊生态农业建设的典型。

六、低碳养殖和生态养殖合作新模式

低碳养殖和生态养殖结合的模式，是新形势下养殖业的完美模式。低碳指较低的温室气体（二氧化碳为主）排放。所谓低碳经济，是指尽可能地减少煤炭石油等高碳能源消耗，减少温室气体排放，达到经济社会发展与生态环境保护双赢的一种经济发展形态。

而低碳养殖就是建立在低碳经济的基础上发展起来的养殖技术，近年来在我国农村大力提倡，其最大的特点就是在有限的空间范围内，人为地将不同种的动物群体以饲料为纽带串联起来，形成一个循环链，目的是最大限度地利用资源，减少浪费，降低成本。

生态养殖一般是利用无污染的水域如湖泊、水库、江河及天然饵料，或者运用生态技术措施，改善养殖水质和生态环境，按照特定的养殖模式进行增殖、养殖，投放无公害饲料，也不施肥、洒药，目标是生产出无公害绿色食品和有机食品。生态养殖的畜禽产品因其品质高、口感好而备受消费者欢迎。

现在简单常见的生态养殖方式主要有：蚯蚓生态养殖、蝇蛆生态养殖、蝗虫生态养殖等。另外，将木薯渣、豆渣等糟渣发酵后来代替一部分的全价料，可以节省一部分的饲料成本，这个技术叫作低成本保健快速养殖技术，已经在某些地区得到广泛推广。

第四节　奶牛标准化健康养殖关键技术

一、低碳养殖技术

在规模化奶牛养殖场应用推广智能化太阳能集热系统、牛奶冷却过程中的余热交换系统和新型沼气工程等节能措施，每年节约大量的煤炭资源。例如，在石家庄市规模化奶牛养殖场推广后年节煤可达5万吨以上。

一是在规模化奶牛养殖场进行了智能化太阳能集热系统实验示范。目前在规模化奶牛养殖场,大多使用燃煤锅炉提供生产热水,示范区在正定县生态养殖基地等养殖场应用推广了智能化太阳能集热系统,取代燃煤锅炉为养殖场提供生产生活用水,除降低劳动强度外,还可节省大量煤炭资源,取得了很好的经济效益和社会效益。

二是在规模化奶牛养殖场将牛奶冷却过程中的余热进行热交换。如有些养殖场用牛奶冷却过程中的余热进行热交换加热水,取代燃煤锅炉为养殖场提供生产生活用水,不仅节省了大量煤炭资源,也降低了碳排放。

三是开展了新型沼气工程示范工作。某些养殖基地建设了容积达700米^{3}的新型沼气工程,采用悬流步式新技术,提高了使用效果。

二、粪尿污物处理关键技术

不可否认,畜禽粪便是宝贵的资源,但它又是一个严重的污染源。根据实际测量,每头奶牛每天平均产鲜粪 25 千克、尿 30 千克,另外冲洗牛栏每天还产生废水 80 千克。未经处理的污水流入河流、水塘、湖泊后,由于细菌的作用,大量消耗水中的氧气,使水体由好氧分解变为厌氧分解,水质变臭,并导致富营养化,污染水体。治理粪尿污染势在必行,迫在眉睫。粪尿污染处理最有效的方法就是沼气净化技术。沼气净化技术的原理是利用厌氧细菌的分解作用,将有机物(碳水化合物、蛋白质和脂肪)经过厌氧消化作用转化为沼气和二氧化碳。此外,还有粪便堆沤处理技术。

1. 沼气发电主要技术环节及要点

(1)各部件和设备的特点 目前常规工艺系统一般有五大部分:

1)前处理装置 包括预处理池、调节池、增湿装置和固液分离设备等装置和设备。这些装置和设备对于保证沼气工程系统的稳定运行具有重要的作用。

2)厌氧消化器 包括厌氧生物滤床、上流式污泥固定床等消化装置,对提高工程系统技术功能作用显著。

3)沼气的收集、储存及输配系统 包括气液分离、净化脱硫、储气输气和沼气燃烧等设备。对于保证向用户稳定供气和高效率使用具有关键作用。

4)后处理装置 包括发酵液沉淀池、好氧厌氧处理设施以及废液的排放设施等,是确保达标排放不可缺少的组成部分。

5)沼渣处理系统 包括发酵后固体残余物的干燥、固液分离和制造颗粒肥料和饲料等设备,是改善整个工程的经济性和实现资源综合利用的主要技术措施。

（2）推广该项技术需要注意的要点

第一,奶牛养殖场沼气工程的设计应该符合当地总体规划,与当地客观实际紧密结合,正确处理集中与分散、处理与利用、近期与远期的关系。应以减量化、无害化、资源化为目标,应用先进技术和工艺,实行清洁生产,从源头上减少粪污排放量。

第二,奶牛养殖场沼气工程的原料是养殖场的污水和粪便,应有充足和稳定的来源,严禁混入其他有毒、有害污水或污泥。

第三,奶牛养殖场沼气工程必须科学设计,以节省投资和降低运行费用。

第四,奶牛养殖场沼气工程的设计应由具有相应设计资质的单位承担。运行管理人员必须熟悉沼气工程处理工艺和设施、设备的运行要求与技术指标,并应持沼气生产职业资格证书。操作人员必须了解本工程处理工艺,熟悉本岗位设施、设备的运行要求和技术指标。

第五,奶牛养殖场沼气工程运行、维护及安全规定应符合现行有关标准。应建立日常保养、定期维护和大修三级维护保养制度。

第六,必须按照有关防火、防爆的要求做好安全防护措施,确保安全。

奶牛养殖场能源——生态型沼气工程工艺流程见图2-17。

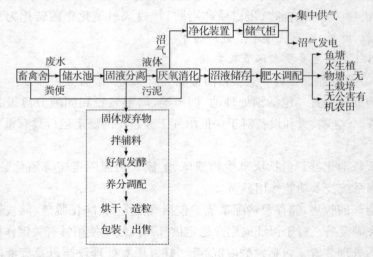

图2-17 奶牛养殖场能源——生态型沼气工程工艺流程

2. 粪便堆沤处理生产有机肥

主要技术环节及要点：

（1）主要设备　奶牛粪便堆沤处理和制肥过程需要采用大量的通用设备和非标准设备。

1）前处理相关设备　主要有地磅秤、堆料场、卸料台和进料门、储存塘或池、装载机械、运输机械等。

2）堆肥设备　主要有翻堆机和发酵池、多段竖炉式发酵塔、筒式发酵仓、螺旋搅拌式发酵仓等。

3）造粒设备　主要有滚筒式造粒机、转盘式造粒机、挤压式造粒机、压缩式造粒机等。

4）筛分和包装设备　主要有固定筛、筒形筛、振动筛等。

（2）主要技术参数

1）碳氮比　堆肥混合物的碳氮平衡是使微生物达到最佳生物活性的关键因素。堆肥混合物的碳氮比应保持在（25～35）∶1。

2）湿度　好氧堆肥相对湿度一般应保持在40%～70%。

3）酸碱度　酸碱度随堆肥混合物种类以及堆肥工艺阶段的不同而变化，一般情况下不需调节。若需调节，可在堆肥降解开始前，通过向混合物投加碱或酸性物质来实现。

4）其他设计参数　长方形发酵堆垛需定期翻堆，使温度保持在75℃以下。翻堆频率为每2～10天翻堆1次。长方形条垛的宽、深只受翻堆设备的限制。条垛一般1.2～1.8米深，1.8～3.0米宽。肥堆高度通常为2.5～4.5米，宽度通常为2倍深度值。

（3）推广该项技术需要注意的事项

1）堆肥时间　堆肥时间随碳氮比、湿度、天气条件、堆肥运行管理类型及废物和添加剂不同而不同。运行管理良好的条垛发酵堆肥在夏季堆肥时间一般为14～30天。复杂的容器内堆肥只需7天即可完成。

2）温度　要注意对堆肥温度的监测，以利于微生物发酵并杀灭病原体，堆肥温度要超过55℃。

3）湿度　注意阶段性监测堆肥混合物的湿度，过高和过低都会使堆肥速度降低或停止。过高会使堆肥由好氧转变为厌氧，产生气味。

4）气味　气味是堆肥运行阶段的良好指示器，腐烂气味可能意味着堆肥由好氧转为厌氧。

奶牛粪便好氧堆肥工艺流程见图2-18。

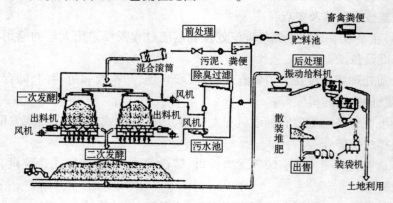

图2-18　奶牛粪便好氧堆肥工艺流程

三、良种选择关键技术

在良好的饲养管理条件下,优良品种奶牛年产奶量一般能达到5 000~7 000千克,高者可达10 000千克。要做好良种引进、繁殖、培育、鉴定、登记工作。好的奶牛体格高大,膘情中等偏上,颜面清秀,中躯长,背腰部不塌陷,胸腹宽深,腹围大而不下垂,肢蹄结实,乳房发达,乳井深。四乳区匀称,乳头大小长短适中,干乳期乳房柔软,泌乳期乳房表面静脉粗壮弯曲,整体丰满而不下垂,有条件的还应考查其母亲的产奶成绩和其父亲的身体品质。以上可以总结为"一看奶包、二看嘴、三看眼睛、四看腿、五看皮毛、六看角、七看种"。

四、饲料配比关键技术

奶牛日粮主要由三部分组成:青饲料、粗饲料和精饲料。青饲料是指各种牧草、青绿秸秆和青贮饲料。购进奶牛之前应先备足草料。由于奶牛食量大,种牧草不易做到常年供应,青绿秸秆的季节性很强,所以最好是制作青贮饲料。粗饲料是指各种干草和秸秆,因干草的营养价值高于秸秆,有条件的应在夏秋季节多晒一些干草。精饲料可以直接购买混合饲料,也可自己配制,即能量类饲料(玉米、麸皮等)占75%,饼粕类(豆粕、菜子饼等)占20%,其他(矿物质、盐、添加剂等)占5%。

五、种草养牛关键技术

近年来,由于能源紧张和土地政策的影响,饲料粮仍保持高价位运行,化解由此所带来的成本压力,保证养殖场、户获得持续而稳定的效益,一个有效措施就是引草入地,藏粮于草。种草养牛既是优质粗饲料之需,也是粪尿消纳之地,是农牧生产的生态良性循环。

一是如果没有稳定优质粗饲料种植基地做保障,不可能满足全国所有奶牛之需,也不可能做到保质、保量和稳定的优质粗饲料供应,更谈不上奶牛高产、稳产、优质鲜奶的生产。二是饲草饲料种植地也是奶牛粪尿消纳、防止污染之地。一般每头成年奶牛1年需5～6亩鲜玉米秸秆做青贮饲料和1.5～2亩人工草地制作干草,这也恰好消纳每头奶牛1年排泄的约22吨粪尿,可施肥7～11亩。这样牛粪尿肥田、种植的饲草喂牛,使之达到种养结合、农牧互利的良性生态循环发展。

提倡用优质牧草饲喂奶牛,是由奶牛生理特性所决定的。实践证明,没有配套的牧草种植提供充足和丰富的营养,就不可能促进奶牛业的大发展。奶牛的产奶量和奶源质量,在相当大程度上取决于日粮干物质进食量和粗纤维质量,取决于粗饲料的品种和质量在奶牛遗传性能、繁殖效率、管理水平基本相同的情况下,特别是干草的品质。

推广牧草养牛,首先要突破草不如粮的传统观念。牧草不仅能够为奶牛提供优质的营养,还非常适应我国的气候特点,粮草结合可以有效缓解饲料粮短缺给畜牧生产带来的压力。如苜蓿,其干物质粗蛋白质含量在18%以上,在我国长江以北的地区都能正常生长,大部分地区1年能割3～4茬,产草量高,饲草品质极佳。1亩地可以收获干草1吨左右,获得粗蛋白质约180千克,而同等肥力的耕地种植小麦、玉米两茬亩产粮食800千克左右,亩产粗蛋白质68千克。苜蓿单位面积粗蛋白质产量是粮食作物的2倍多,生产同等数量的饲料粗蛋白质,种苜蓿比种粮食作物节省一半耕地。

据资料报道,每亩地种植豆科牧草如苜蓿,可产粗蛋白质180千克(1 000×18%),而我国种植玉米、小麦或水稻平均亩产粗蛋白质32千克(400×8%),种植牧草生产粗蛋白质是种植粮食的6倍。而且苜蓿耐干旱、耐盐碱,适宜中低产田种植,每亩产量按1 000千克干草计算,收入1 800元,且省人工成本,比种小麦划算。并且苜蓿为多年生,既能防风固土,又能固氮改良土壤。

一个产业不仅要向市场要效益,更要向科技要效益。相关科技服务部门和乳品加工企业在实际生产中,也应该结合当地实际气候和农业生产特点,研究草畜结合的路子,帮助奶农掌握适合当地生长的优质牧草的种植技术和种植模式,实现牧草种植与奶牛养殖共同发展。

第五节　国内外奶牛标准化健康养殖成功经验

一、农牧结合型生态养殖奶牛模式

1. 平湖模式

浙江平湖逢源奶牛养殖场通过积极探索畜粪的综合利用,走出了一条农牧结合、生态养殖奶牛的成功之路。基本做法:

(1)合理布局　平湖市新仓镇逢源奶牛养殖场建于2002年,按照总体规划,奶牛场建在非禁养区内,分办公生活区,养殖区,治污区和畜粪、沼液消纳配套种植区。

(2)适度养殖　养殖场占地36亩,奶牛棚舍2 000米²,现存栏奶牛168头,年产生畜粪约1 000吨、污水600吨,根据土地对畜粪、沼液、沼渣消纳承载能力,实行适度养殖,确保奶牛场产生的畜粪及沼液、沼渣就地消纳,防止对环境污染。

(3)综合治理、资源化利用　养殖场在发展生态养殖之前,由于畜粪和污水无出路,对周边环境和河道造成了严重影响。

为此该奶牛养殖场积极探索,2006年列入浙江省"811"规模畜禽场排泄物治理任务,按照"二分离三配套"要求,建造了沼气池、序批式活性污泥(即SBR)处理池、沼气储气柜、干粪堆积发酵棚、4吨高位污水箱、污水浇灌管网等治污设施。养殖场首先实行了干清粪工艺,污水与畜粪分离,将干粪运到干粪堆积发酵棚进行堆积发酵作农作物优质有机肥和蘑菇床有机肥;其次实行雨污分离,污水沟全部采用地埋式暗沟,共建污水暗沟450米,奶牛排泄的污水通过污水暗沟进入沼气池进行厌氧处理,再经序批式活性污泥好氧后处理池处理。同时,为就地消纳奶牛饲养过程中产生的畜粪和沼液、沼渣,奶牛场根据土地对畜粪的承载能力,在附近向农户租赁了70亩农田,每年种植两季墨西哥玉米,将奶牛场产生的畜粪大部分用作玉米有机肥,多余部分无偿提供给当地蘑菇种植户作菇床有机肥;沼液经高位水箱通过污水浇灌管网排到70亩玉米田中,达到零排放,玉米带棒秸秆经粉碎发酵后作为奶牛青饲料,实现了农牧结合生态养殖奶牛。

2. 奶牛 - 沼气 - 菜生态养殖模式

浙江温州龙港奶牛生态养殖场于2004年在市、县能源办及有关部门的支持下,投入资金 20 万元,建成一个容积为 260 米^3 的沼气净化池及其他设施。养殖场的粪便污水通过管道流入沼气处理池,经发酵处理后,产生的沼气储存在沼气池中,作为养殖场生产和生活能源使用。如今,不仅流出的水质达到《国家污水综合排放标准》Ⅱ类三级标准,实现标准排放,改善了周边环境,而且由于沼气工程对奶牛的粪便经过干湿分离,使以前的臭牛粪成了"香饽饽"(不仅满足自己生产用,还提供给周边农户)。消费者反映,施用有机肥的蔬菜既好吃又安全,大家都愿意买。2004 年,该场仅奶牛－沼气－菜生态养殖模式一项就增收 2.3 万余元。

3. 奶牛－沼气－肥三位一体生态养殖模式

河北省农民改变过去分散的家庭养殖方式,将牛送进"托牛所"统一管理,实现集约化养殖。将"托牛所"集中产生的粪便污水收纳入沼气池生产沼气,沼液、沼渣作为农作物有机肥。采用奶牛－沼气－肥三位一体生态养殖模式,既充分利用了资源,又降低了饲养成本,减少了环境污染。

4. 奶牛－沼气－温棚生态养殖模式

某区一些养殖合作社为了解决养殖规模扩大造成的园区污染难题,陆续开始筹划建设大型沼气池。2010 年国家发改委为合作社批复了 600 米^3 的大型沼气池一座。大型沼气池建成后,实现了奶牛养殖园区粪污无害化、生态化处理,减少或消除养殖环境污染,同时,沼气发酵过程中产生的沼渣、沼液用于温棚果树及农作物的灌溉施肥,发展有机、绿色和无公害农产品,形成奶牛－沼气－温棚生态养殖的良性循环。

5. 果－草－牛模式

广西北流市是全国荔枝之乡,以荔枝、龙眼为主的水果面积 87 万亩,其中荔枝种植面积 56 万亩。但由于受品种、结构不合理,销售加工滞后等因素制约,果丰价低、果贱伤农的现象时有发生。为扭转这种被动局面,该市利用种植面积多的资源优势,鼓励和引导群众跳出自然放牧的传统模式,利用果园、果场、山地、坡地、房前屋后、田边地角、低产水田等一切可以利用的资源种植牧草养牛,形成了果园种草－牧草喂牛－牛粪施肥为主的立体生态养殖模式。这一种立体生态养殖模式,一是充分利用土地资源解决了饲料问题,降低了养殖成本;二是牛粪可用于牧草、果树施肥,牧草、果树生产良好,果树病虫害少,达到草好、牛肥、果优、效益佳的生态良性发展效果;三是种草发财也加速了农民观念的转变和思想的解放,加快了良种良法的推广应用,提高了农民的种养技术水平。

6. 春晖模式

江苏春晖乳业在全国首创种植牧草－饲养奶牛－牛粪养蚯蚓－蚯蚓粪还田的循环生态养牛模式,大胆摒弃传统养殖模式,采用无污染、高效益的生态循环技术和经营模式,以牛尿浇牧草、牛粪养蚯蚓、蚯蚓喂黄鳝,以牛粪和蚯蚓粪作为有机肥料,滋养土壤,养肥的蚯蚓和黄鳝被运到市场出售。春晖乳业种植了 300 亩牧草,按照 1.5 亩牧草养殖 1 头奶牛的标准养殖。公司投资 100 多万元,建造了 500 米^3 的沼气池,不仅消化了 200 头奶牛的排泄物,而且产生的沼气可供应 20 千瓦的发电机组发电,正好供应奶牛场日常用电。同时作为最好的肥料,沼液可全部还田。由此,春晖乳业拿到了有机食品的证书。仅发电一项,每年就可节约电费 12 万元,省下的肥料、农药的开支更为可观。在整个生产过程中不使用化肥、农药,利用植物、奶牛、微生物有机组合、协调共存,实现了奶牛场污染物的零排放,在取得可观经济效益的同时,也实现了人与自然的和谐统一。

7. 集中寄养模式

军英牧场采用家庭养殖集中寄养模式,该牧场占地 150 多亩,可存栏奶牛上千头,并配置标准机械化挤奶厅。该牧场积极完善软件和硬件设施,吸引散户进场养殖。

一是完善硬件设施,扩大养殖能力。为妥善处理和集中利用奶牛粪便,推进生态养殖,军英牧场配套建设了 500 米^3 沼气池一座,且已建成并投入使用,所产沼气不仅可满足牧场需要,还可供 120 户农民生活用气。牧场还将建设生态农业种植园,实现沼气的综合利用。二是强化科学管理,提升养殖水平。实行统一规划建设、统一品种改良、统一防疫、统一技术服务、统一机械挤奶、统一档案管理、分户饲养的“六统一分”运行模式,全面实行科学规范化养殖。聘用畜牧专业技术人员定期指导,全面细化管理。在科学指导下,每天喂料次数由 3 次增加至 4 次,挤奶次数由 3 次改为 2 次;改吃养殖场统一配制的优质草料;坚持奶牛疾病治疗不使用青霉素等对奶质影响较大的药剂等。这些措施使单头奶牛平均产奶量显著提高,奶牛常见病明显减少,鲜奶品质大幅提升。三是制定扶持政策,吸引农户寄养。本着互利双赢的原则,军英牧场积极制定优惠政策,鼓励养殖户进场养殖。散养户进场寄养免收场地费、设施费、水电费,提供价格优惠的高质量饲草,为寄养户扩大养殖规模提供资金支持等。同时,寄养 10 头以上的农户免费使用沼气,寄养 5 头以上的半价使用沼气。

随着军英牧场家庭养殖集中寄养模式工作的不断深入,模式优势充分展现,真正实现了牧场、养殖户及社会的互利多赢。一是奶源安全有保证,二是养殖安全有保证,三是牧场规模效益提升,四是农户养殖效益提高,五是促进人居环境改善,净化了农村环境。

8. 牛－沼气－草生态养殖模式

金华市某牧场采用牛－沼气－草生态养殖模式,打造精品奶源基地。一是实行标准化饲养。牧场周边建有优质牧草基地 1 300 多亩,种植墨西哥玉米、华农 1 号等青饲玉米等青绿饲料,可满足牛场 1 年青绿饲料及青贮饲料的需要。已建立 6 600 米³ 的示范青贮窖 6 个,满足示范场奶牛全年青贮饲料的供应。二是排泄物实现资源利用。牧场建立沼气工程,粪便和冲洗废水进行分离后,废水用沼气厌氧发酵技术进行处理,避免环境污染;沼气提供生产及生活能;沼液用于周边的牧草基地、橘园和有机茶园;沼渣和粪便用于制造商品有机肥,进行资源化开发和多层次利用,实现生产、资源、能源、经济和环境保护的良性循环,最终达到污染物零排放。

9. 以蚯蚓产业链为核心的生态农业新模式

宁夏回族自治区永宁县某蚯蚓养殖场利用经过发酵处理后的牛粪养殖蚯蚓,形成以蚯蚓产业链为核心的生态农业新模式。蚯蚓可以做家禽饲料,还能做保健品和药材;蚯蚓粪可制成活性复合肥,返回田间作为种植蔬菜、果树、花卉和粮食等农作物和经济作物的肥料。蚯蚓产业直接带动了 30 户群众脱贫致富,养殖规模达 150 余亩。牛粪晒干后与粉碎的农作物秸秆掺在一起,经过发酵可成为食用菌的培养基,食用菌收获后培养基又能作为有机肥返田。

10. 浙江农牧结合模式

浙江省提出了发展生态畜牧业,推广农牧结合模式,坚持"政府主导、业主主体"的原则,在政府适当给予补贴下,调动养殖业主对畜禽排泄物进行防控治理的积极性。他们对众多的做法模式进行梳理,重点推出了 5 种模式,即桐庐万强模式——管网联结、就地利用,临安双干模式——人畜分离、养殖小区,龙游雄德模式——沼液罐运、异地利用,南湖竹林模式——粪便收集、户用沼气,蓝天模式——区域配套、循环共生。

二、牛粪沼气发电形成循环经济链

牛粪得不到及时处理,不仅会占用土地,还会造成水源和水体的污染。

辽宁辉山乳业是国内最大的乳业公司之一,拥有 25 万头奶牛的庞大畜群,大规模奶牛养殖,每年提供456万吨的牛粪尿。以前的牛粪一般是堆到储肥池里,存放1年后才可以还田,既容易污染环境又浪费资源。

随着10万米³储肥池以及厌氧发生器基础工程的建成,辉山乳业的牛粪发电项目实现点火发电。未来2年,辉山乳业将依托70座自营牧场、25万头自养奶牛,兴建17座牛粪沼气发电厂,成为全球最大的牛粪沼气发电生产基地。项目全部建成带来的收益:按奶牛场常年存栏量25万头计算,年产粪尿可达456万吨,可产生沼气3亿米³,实现发电总量6亿千瓦时/年,总装机容量为100兆瓦,相当于一个大型火力发电厂,每年可节约煤炭40万吨。更为关键的是,沼气发电不仅清洁,而且安全稳定。另外,牛粪发酵后剩余的肥料还可生产有机肥500多万吨,相当于一个超大型化肥厂的产能,每年可改良耕地500万亩,可使沈阳两个县所有耕地全部实现有机农业。

事实上,不仅大的养牛场可以搞牛粪发电项目,小的养牛场也能做。养殖场的冲洗废水和牛粪经储肥池、预混池稀释后加工成浆,进入发酵罐,产生的沼气再经气水分离器、脱硫器等装置进入发电机发电。

引进沼气发电技术后,不仅能实现牧场的电力自给,还可在牧场内发展低碳农业。牧场每天产生3吨多牛粪,这些牛粪除了可发电外,发酵后的沼渣可制成生物固体有机复合肥,沼液可制成液态肥,作为牧场有机蔬菜基地的肥料,同时沼渣还可做成鱼饵料。据了解,牛粪沼气发电是近些年从美国、日本兴起后引入国内的环保技术。事实上,牛粪的作用远不止用来发电,越来越多的人认识到,围绕牛粪处理可以形成一个大产业。2007年建设、2008年成功并网发电的蒙牛牛粪发电厂,目前每年已可以稳定输出1 000万千瓦时电,折合收益约500万元。将牛粪转化成沼气再进行发电,全部投资需要3 500多万元,而如果将沼气并入天然气网直接出售,整体投资只需要1 000多万元。按照1米³沼气生产1.5千瓦时电计算,直接出售沼气收益能翻一倍多,1 000万元的投资,1年多就可以收回,这还不算下游的有机肥料和有机农业园产生的效益,卖气较发电划算得多。

三、国外原生态与现代生态结合养殖模式

在生态环境优美的荷兰有8万个牧场,占用可耕地面积的1/2,自动化程度极高,平均一个牧场只有1.6个全日制员工。主要品种为优良品种荷斯坦奶牛,适应性强、生病少、产奶量高。在荷兰,奶牛享有动物福利,绝对禁止使用激素刺激奶牛生长和泌乳。这里的奶牛属于放养,荷兰政府对牛舍的空间

和光照都做了规定,奶牛在运输过程中也要遵守严格的动物福利条例。这里的奶牛幸福指数相当高。普通奶牛每头产量 5 吨／年,而这里的荷斯坦奶牛可以达到 10 吨／年。从原奶蛋白质含量差距也可看出,国内标准为 2.85% ,而荷兰荷斯坦奶牛产出的奶蛋白质含量可达 3.2% ~3.4% 。该地奶牛只吃这里生长的新鲜黑麦草。荷兰生态牧场中生长的黑麦草,富含奶牛所需的粗蛋白质、粗脂肪、粗纤维、钙、磷、胡萝卜素等多种营养成分,属多年生,营养价值高。当地牧民为了防止植被破坏,不让奶牛食用 15 厘米以下黑麦草,而同样不许食用超过 15 厘米黑麦草,因其超过会导致营养流失。

荷兰牧场一般是家族式经营,家族拥有上百年的牧场管理经验不足为奇。这里至今仍保持着纯天然的原生态养殖模式。此外,牧场还将奶牛粪收集起来,通过注射机再把牛粪灌注进土壤之中,保持牧场的天然环保。牧场采用了自动化程度非常高的机器人挤奶系统,它能自动识别每一头牛。标明奶牛的健康情况、怀孕时间以及初乳时间等。还会根据身份证识别奶牛是否到了挤奶时间,是否符合挤奶要求,并由红外线扫描奶头,自动清洗后自动套上吸奶器。能恰到好处地把握挤奶的力度和时间,挤奶结束后,还会自动清洗。整个生产过程,都在密闭系统中全自动进行,保证奶源无污染。

四、农牧结合生态养殖奶牛取得的成效

通过近几年的实践,农牧结合生态养殖奶牛取得了较好的经济效益和社会效益。一是实现了奶牛粪、沼液、沼渣资源化综合利用,有效解决奶牛饲养过程中产生的粪和污水对环境和水源的污染,真正达到了奶牛养殖零排放,实现生态养殖奶牛。奶牛粪和沼液、沼渣作为墨西哥玉米优质有机肥,既解决了奶牛排泄物出路、防止污染,又改善了土壤、节省玉米化肥成本,据调查两季种植玉米施用牛粪及沼液、沼渣有机肥全年每亩可减少尿素 50 千克,70 亩玉米可节省化肥成本 7 000 元。二是农牧结合,解决了奶牛场奶牛青饲料,实现种养结合。70 亩农田,每年种植两季墨西哥甜玉米作牧草,由于施用了牛粪、沼液、沼渣等优质有机肥,玉米产量明显提高,玉米带棒秸秆两季亩产达到 8 000千克,解决 100 头成年奶牛优质青饲料,70 亩玉米价值 14.56 万元,每年可为奶牛场节省青饲料成本 10 万元左右。三是沼气池发酵产生的沼气解决了养殖场生活燃料。

第三章　品种与繁殖技术

　　奶牛的标准品种主要有荷斯坦牛、娟姗牛、爱尔夏牛、更赛牛、中国荷斯坦牛等。

　　奶牛选育的主要目的是:改善奶牛群的品质,提高产奶量,增加牛乳中的干物质含量,提高繁殖能力,增加对疾病的抵抗力,使体形结构符合生产管理上的要求,使生产利用年限符合经济要求。这些性状直接关系到奶牛场经营的经济效益。

　　奶牛标准化繁殖技术主要包括发情诊断、人工授精、性别控制、胚胎移植、同期发情等技术。

第一节　奶牛标准品种

一、荷斯坦牛

荷斯坦牛(图3-1)原产荷兰,后经输入国杂交选育,使该牛出现了一定差异,所以许多国家的荷斯坦牛常冠以本国名称(如美国荷斯坦牛、中国荷斯坦牛等)。

图3-1　荷斯坦牛

1. 外貌特征

荷斯坦牛属大型乳用品种,具有典型乳用型牛外貌特征,成年母牛体形呈3个三角形,后躯发达;其皮毛特点为背毛细致、皮薄、弹性好,黑白花或红白花,白花多分布于牛体的下部,界限明显;体格高大、结构匀称、头清秀狭长、眼大突出,颈瘦长,颈侧多皱纹,垂皮不发达;前躯较浅窄,肋骨弯曲,肋间隙宽大;额部多有白星(白流星或广流星),四肢下部、腹下和尾帚的毛色为白色;尻长而平,尾细长;四肢强壮,开张良好;乳房发达,向前后延伸良好,乳静脉粗大而多弯曲,乳头长且大。

荷斯坦牛成年公牛体重900~1 200千克,体高145厘米,体长190厘米,胸围206厘米,管围23厘米;成年母牛体重650~750千克,体高135厘米,体长170厘米,胸围195厘米,管围19厘米。犊牛初生重38~55千克。

2. 生产性能

乳用型荷斯坦牛的泌乳性能为各乳用品种之首。母牛平均年产奶 6 000 ~ 7 000 千克,乳脂率为 3.5% ~ 3.8%,乳蛋白率 3.3%。

二、娟姗牛

娟姗牛(图 3 - 2)原产于英国英吉利海峡的娟姗岛,性情温驯,体形较小,是著名的高乳脂率奶牛品种。

图 3 - 2　娟姗牛

1. 外貌特征

娟姗牛属小型乳用品种,中躯长,后躯较前躯发达,体形呈楔形。头小而轻,额部凹陷,两眼突出;角中等大小,向前弯曲,色黄,尖端为黑色;鼻镜及舌为黑色,口、眼周围有浅色毛环,颈细长,有皱褶,颈垂发达;毛短细而有光泽,毛色以灰褐色为多,也有黑褐、黄褐、银褐等色,尾常为黑色。成年公牛体重650 ~ 750 千克,成年母牛 340 ~ 450 千克,犊牛初生重 23 ~ 27 千克。

2. 生产性能

娟姗牛以乳脂率高著称于世,可以用来改良提高低乳脂率品种牛的乳脂率,效果明显。每千克体重产奶量超过了其他品种。年产奶量 3 000 ~ 4 000千克,乳脂率 5% ~ 7%,为世界奶牛品种中乳脂产量最高的一种。娟姗牛乳中所含的乳蛋白、矿物质和其他重要的营养物质都超过了其他品种的奶牛。娟姗牛乳蛋白率为 3.7% ~ 4.4%,乳脂色黄,风味好。娟姗牛成熟较早,初次配种年龄为 15 ~ 18 月龄。

三、爱尔夏牛

爱尔夏牛(图3-3)属于中型乳用品种,原产于英国的苏格兰。与荷斯坦牛、娟姗牛、更赛牛等乳用品种进行杂交选育而成。爱尔夏牛以强壮的体躯、良好的乳房及健壮的肢蹄而著称。

图3-3 爱尔夏牛

1. 外貌特征

体格中等,结构匀称,额稍短。角细长,形状优美,由基部渐渐向上方弯曲,角色白,尖黑色,颈垂皮小,胸深较窄,关节粗壮,乳房匀称,前后联系宽广,4个乳区匀称,乳头中等长,位置方正;毛色红白花,其红色有深有浅,变化不一;鼻镜、眼圈浅红色,尾帚白色。该品种成年平均体重公牛 680~900 千克,成年母牛 550~600 千克;公犊牛重 35 千克,母犊牛为 32 千克。

2. 生产性能

爱尔夏牛的产奶量低于荷斯坦牛,高于娟姗牛和更赛牛。其泌乳稳定性较差,305 天产奶量平均为 4 500 千克,乳脂率 4.0% ~ 5.0%,乳蛋白率 3.5%。爱尔夏牛肉用性能好,干乳期易于育肥;早熟,耐苦,适应性能好。

四、更赛牛

更赛牛(图3-4)原产于英吉利海峡法国海岸的更赛岛,毛色浅黄白花,体形中等。更赛牛以饲料转化率高、乳成分丰富和乳中富含脂肪、蛋白质而闻名于世。成年母牛平均体重 500 千克。更赛牛性成熟早,产犊间隔短。多数牛在 22 月龄就产犊。更赛牛的难产率低,性情温驯,没有隐性遗传缺陷。适应性强,更因其特别耐热而在出口方面颇受欢迎。

图 3 - 4　更赛牛

五、中国荷斯坦牛

中国荷斯坦牛(图 3 - 5)是我国唯一的纯种乳用品种,系用国外引进的荷斯坦牛与我国黄牛杂交,经长期选育而成,已成为我国乳业生产的主要品种。该品种经多年选育,生产性能与体形特征已基本符合国际荷斯坦牛品种的要求。由于其分布广,生产性能高,是我国奶牛饲养者的首选品种。

图 3 - 5　中国荷斯坦牛

中国荷斯坦牛具有典型的荷斯坦牛特征。成年公牛平均体重 1 020 千克,体高 150 厘米,成年母牛体重 500 ~ 650 千克,体高 133 厘米,犊牛初生重 35 ~ 45 千克。305 天平均产奶量 5 197 千克。优秀牛群产奶量可达 7 000 ~ 8 000 千克,一些优秀个体的 305 天产奶量达 10 000 ~ 16 000 千克。平均乳脂率

3.4%左右。未经育肥的淘汰母牛屠宰率为49.5%~63.5%,净肉率40.3%~44.4%。经育肥的24月龄公牛屠宰率57%、净肉率43.2%;6月龄、9月龄和12月龄的牛屠宰率分别为44.2%、56.7%和64.3%。

中国荷斯坦牛性成熟早,繁殖性能高。年平均受胎率88.8%,繁殖率89.1%。性情温驯,易于管理,适应性强。但对高温气候条件的适应性较差,即耐冷不耐热。在我国南方地区,6~9月的高温季节产奶量明显下降,并且影响繁殖率,7~9月发情受胎率最低。

第二节　奶牛选育

奶牛选育的主要目的是改善奶牛群的品质,提高产奶量,增加牛乳中的干物质含量,提高繁殖能力,增加对疾病的抵抗力,使其体形结构符合生产管理上的要求,使生产利用年限符合经济要求。这些性状直接关系到奶牛场经营的经济效益。

为了提高牛群质量,把科学技术应用于生产,必须做好以下几项基础工作:

第一,生产性能监测,这是牛群改良的基础。数据资料必须做到准确、公正,才能用以进行牛群情况的分析、选种和指导生产。

第二,培育和选择优秀公牛。由于公牛本身不产奶,要识别其产奶性能,必须对其祖代及其女儿的生产性能进行鉴定,根据女儿生产性能,估计公牛的产奶遗传性能,称为公牛后裔测定。它是目前选择奶用公牛最可靠的方法。

第三,奶牛登记,是奶牛群改良的基础工作。目的是要保证品种质量,并向饲养者提供系谱等可靠资料,促使饲养者饲养优质奶牛。

(一)标记奶牛

改进牛群品质,必须有正确的记录资料(图3-6),而做好记录工作的先决条件就是要准确地识别每一头牛。这一基础工作在我国往往被忽视,牛体上缺乏明显的标记,不能正确识别,当然也就不可能得到正确的生产记录,直接影响牛群改良工作的正常进行。牛号是用以区别牛个体的符号。制订牛群饲养管理计划,确定牛的饲料定量,牛的分群、转群、死亡、淘汰,牛的年度产奶计划,繁殖配种计划,卫生防疫、疫病防治,谱系的记录等,都离不开牛号。此外,公牛的后裔测定、牛的良种登记、品种登记等也必须由牛号来区别。因此,研究制定简便易行、内容全面的牛号是非常重要的。

图 3－6　记录奶牛资料

（二）牛号编制的要求

牛号包含的内容应全面、简便易行、便于使用，在一定的时间段内适用，不宜随意变动，以保持牛号的连续性。在一定的时间和范围内不应出现重号。

（三）编号方法

第一部分是全国省、自治区、市编号，两位数。第二部分是省、市内牛场的编号，三位数，如某牛场编号三位数为"056"。第三部分是年度后两位数，如1989 年为"89"。第四部分是年内出生顺序号，三位数，如某犊年内出生顺序号是"124"。前两部分编号通过协商确定，只要牛场技术人员记着本省市和本牛场编号，永远不变。后两部分编号牛场可根据年度及出生顺序，自己掌握。此外，系谱还需对进口牛记载原牛号、登记号、原耳号、牛名等，不同国家来源的牛还需注明来源国家的缩写，如美国"USA"，加拿大"CAN"，荷兰"NLD"等（根据《世界荷斯坦弗里生联合会》规定）。

（四）牛体标记方法

常用的牛体标记方法有耳标、液氮冻烙、耳内刺耳号、烙角号等。目前国内生产的一种塑料耳标牌（图 3－7），有方便易行、不易脱落的特点，已被广大奶牛饲养者所接受。冷冻标号是永久性的标号方法，是用液氮浸透的金属字模在牛体上以一定的压力按压一定的时间，之后烙过的地方如是黑毛就长出白毛，形成与其他部位被毛长短相同的白毛字样，明显清晰，永不消失。若在白毛色部位标号，因延长时间，毛囊破坏，形成光秃字号，不再长毛。

图 3-7　塑料耳标牌

（五）奶牛的体形鉴定

高产奶牛与低产奶牛在体形结构上存在明显的差异,目前应用较广泛的奶牛体形鉴定是线性评定方法。该法根据奶牛各个部位的功能和生物学特性给予评分,比较全面、客观,而且可以量化,避免了主观抽象因素的影响。

1. 体形评定

主要用于母牛,也可用于公牛。每个泌乳期在泌乳 60~150 天时各评定一次。为了提高评定的准确性,最理想的鉴定个体,应处于头胎产犊后 90~120 天,患病以及 6 岁以上的母牛不做鉴定。公牛鉴定年龄不低于 18 月龄,但如果发育未完全,则可推迟 1 年再做鉴定;一般在 2~5 岁间,每年各评定 1 次。中国奶协鼓励使用 9 分制。

2. 对牛的体形外貌的鉴定主要用目测

对于公牛可全用目测。对于母牛,在某些情况下,需要借助体尺测量和手的触摸以对牛体各个部位和整体进行鉴定。

3. 鉴定时应使鉴定的牛自然地站在宽广而平坦的场地上

首先,鉴定者站在距牛 5~8 米远的地方,进行一般观察,对整个牛体环视 1 周,把握牛体的轮廓。然后根据每个鉴定性状的观察部位一一进行鉴定。最后再对奶牛做一个总体的印象评分(与理想模型相比较)。具体的要求如下：

鉴定头部要注意头的大小、形状以及头部与整体的比例关系,同时要观察鼻镜、眼、角、耳、额等部位的特征,母牛不得有雄相。

鉴定颈部,要注意头与颈、颈与肩的结合,结合处不宜有明显凹陷。

鉴定躯干部要特别注意胸部、腹部、背腰、尻部有无明显的缺陷,乳房及生殖器官发育是否匀称,母牛有无副乳头、瞎乳头、小乳头;公牛有无隐睾等。

鉴定四肢要注意四肢的姿势与步样是否协调。正确的姿势是:从前面看,前肢应遮住后肢,前蹄与后蹄的连线和体躯中轴平行。

从总体观察,应注意体形发育是否均匀,并要考虑牛的皮肤及被毛情况。全身皮肤及被毛与品种特性有关。奶牛皮肤应薄而富有弹性,被毛细、平整而具光泽。

4. 公、母牛鉴定事项

鉴定母牛,先不要考虑是哪个公牛的女儿,要等鉴定完毕,再去对照系谱。鉴定公牛,要特别注意公牛的肢蹄发育是否正常,有无明显的缺陷。

5. 不要把由非遗传性疾病、环境等外因引起的伤残与遗传性缺陷混淆

如奶牛患乳腺炎或乳房损伤,应看健康一侧的乳房;后肢一侧伤残时,应看健康一侧。奶牛线性评定的性状:线性评定的性状有主要性状、次要性状和管理性状3类。

(1)主要性状 指那些具有经济价值且变异范围较大,可作为选择对象的性状,有15个:体高、体强度(胸宽)、体深、乳用性(棱角性)、尻角度、尻宽、后肢侧视、蹄角度、前房附着、后房高度、后房宽度、乳房悬垂(悬韧带)、乳房深度、乳头长度、乳头后望(乳头位置)。

(2)次要性状 指用于试验目的,或能从中取得更多判断信息的性状,有14个:前躯相对高度、肩、背、尾根、阴门角度、后肢踏位、后肢后望、系部、蹄尖、动作灵敏度、前房长度、乳房匀称、乳头侧望、尻长。

(3)管理性状 指与生产管理、机械化挤奶以及奶牛本身的使用寿命密切相关的一些性状,分主要管理性状和次要管理性状。主要管理性状有4个,即行为气质、挤奶速度、乳腺炎抗性、繁殖性能;次要管理性状有3个,即乳房浮肿、健康状态、产犊难易。

(六)奶牛生产性能测定

奶牛生产性能测定是为奶牛场提供完整的生产性能记录体系,对牛场进行科学管理提供可靠依据。通过生产性能测定才能准确地了解牛群的实际情况,并针对具体问题制定出切实有效的管理措施,提高奶牛场的生产水平和奶源质量。

1. 提高原料奶质量

原料奶质量的好坏主要反映在牛奶的成分和卫生两个方面。在生产性能测定中,可以通过调控奶牛的营养水平,进行科学有效的控制牛奶乳脂率和乳蛋白率,生产出理想成分的牛奶;通过控制降低牛奶体细胞数来提高牛奶的质量。体细胞数超过标准不仅影响牛奶的质量、风味,还预示着奶牛个体可能患有隐形乳腺炎。

2. 为牛场兽医提供信息

通过奶牛生产性能测定报告,一是掌握奶牛产奶水平的变化,了解奶牛是否受到应激,准确把握奶牛健康状况;二是分析乳成分的变化,判断奶牛是否患酮病、慢性瘤胃酸中毒等代谢病;三是通过测定体细胞数的变化,及早发现乳房损伤或感染,特别是为及早发现隐性乳腺炎并且制订乳腺炎防治计划提供科学依据,从而能有效减少牛的淘汰,降低治疗费用。

3. 反映牛群日粮是否合理

通过分析生产性能测定报告中乳成分含量变化,确定饲料总干物质含量及主要营养物供给量是否合适,指导调配日粮,确定日粮精粗比例。正常情况下,荷斯坦牛的脂蛋白比值应在 1.12 ~ 1.30。比值高可能是日粮中添加了脂肪或日粮中蛋白不足,比值低可能是日粮中谷物类精饲料太多或缺乏粗纤维,应及时对日粮进行适当调整。

4. 推进牛群遗传改良

可以根据奶牛个体(或群体)各经济性状的表现,选择配种公牛,并做好选配工作,从而提高育种工作的成效。例如,根据奶牛个体产奶量、乳脂率、乳蛋白率的高低,选用不同的种公牛进行配种。对那些乳脂率、乳蛋白率高,但产奶量低的母牛,可选用产奶性能好的种公牛配种。乳脂率低的,可选用乳脂率高的种公牛;乳蛋白率低的,选用乳蛋白率高的种公牛等。通过对个体牛的选种选配,能提高后代的质量,不断提高整个牛群的遗传水平。

5. 科学制订管理计划

生产性能测定报告不仅可以适时反映个体的生产表现,还可以追溯牛的历史表现,我们可以依据牛生产表现及所处生理阶段实现科学分群饲养管理;依据计算饲养投入及生产回报,对那些已经无利可图的牛尽早淘汰;还可根据牛群生产性能情况编制各月产奶计划,并制定相应的管理措施。

第三节　奶牛标准化繁殖技术

(一)发情诊断

1.母牛的发情生理特点

牛是四季发情的家畜,发情母牛在生理、行为上发生一系列的性活动变化,完整的发情应具备下列一些变化:

(1)发情早期　母牛刚开始发情,症状是鸣叫、离群,沿运动场内行走,试图接近其他牛;爬跨其他牛,阴户轻度肿胀,黏膜湿润、潮红;嗅闻其他牛后躯,不愿接受其他牛爬跨;产奶量减少。

(2)发情盛期　持续约18小时,特征是站立接受其他牛爬跨,爬跨其他牛;鸣叫频繁,兴奋不安,食欲不振或拒食;产奶量下降。

(3)发情即将结束期　母牛表现拒绝接受其他牛爬跨,嗅闻其他牛;试图爬跨其他牛;食欲正常,产奶量回升;可能从阴户排出黏液。发情结束后第二天可看到阴户有少量血性分泌物;当隐性发情牛有此症状时,在16～19天后会再次发情,应引起重视。

发情鉴定采用观察法,每天不少于3次,主要观察牛只性欲、黏液量、黏液性状,必要时进行直肠检查,查看卵泡发育情况。对超过14月龄未见初情的后备母牛,必须进行母牛产科检查和营养学分析。对产后60天未发情的牛、间情期超过40天的牛、孕检时未妊娠的牛,要及时做好产科检查,必要时使用激素诱导发情。对异常发情(安静发情、持续发情、断续发情、情期不正常发情等)牛和授精2次以上未妊娠牛要进行直肠检查。详细记录子宫、卵巢的位置、大小、质地和黄体的位置、数目、发育程度,有无卵巢静止、持久黄体、卵泡和黄体囊肿等异常现象,及时对症治疗。

2.发情周期

其计算一般从这一次开始发情到下一次开始发情为一个发情周期,母牛平均一般为21天(18～25天),育成母牛为20天(18～24天)。

(二)人工授精技术

奶牛生产中,人工授精(图3-8)已是常规技术,是繁殖和改良奶牛品种的一个基本手段和方法。

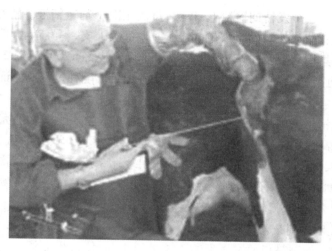

图 3 - 8　奶牛人工授精

1. 人工授精时间

　　能否准确确定人工授精的时间是决定母牛能否受胎的关键。母牛的排卵时间一般在发情结束后 10～15 小时。卵子和精子结合的部位在输卵管上 1/3 处的壶腹部。卵子排出后能保持受精能力的时间是 6～8 小时。而精子在输精后 8 小时才能到达壶腹部,精子可保持受精能力的时间是 1～2 天。为了使精子和卵子能适时适地结合,精子就应当提前到达受精部位。因此,最佳的输精时间应当确定在发情开始后 18～24 小时或排卵前 1～6 小时。

　　结合发情母牛的外观来判断,一般为临近母牛发情征象结束时输精较为合适。从时间上计算,母牛早晨发情,可在傍晚输精;中午发情,可晚上输精;下午发情,可在第二天早晨输精。

2. 输精操作

　　配种前进行母牛产科检查,患有生殖疾病的牛不予配种,应及时治疗。采用直肠把握法输精,配种时应对卵巢检查,适时输精。输精前要用清水冲洗奶牛外阴部,用消毒毛巾擦干。一般奶牛场并不饲养种公牛,精液都要购买,且都是冷冻精液。因此,冷冻精液的购买、储存和取用,对确保精液的质量、提高母牛的受胎率就显得尤为重要。从液氮罐里提取精液时,提桶在液氮罐颈口部的停留时间不得超过 10 秒,停留部位应距液氮罐颈口部 8 厘米以下,精液取出后置于 36～38℃温水中浸泡 10～20 秒,进行解冻。输精前应进行精液品质检查,符合标准的精液,方可用于输精。输精时要迫使母牛腰部下凹,输精器插入子宫颈口,在子宫体或子宫角深部输精,慢插、轻推、缓出,防止精液倒流或回吸。一个发情期输精 1~2 次，每次用 1 个剂量精液。输精器（玻璃输精器和没有塑料外套的金属输精器）每头每次 1 支，不经消毒不得重复使用。输精器具用后要及时清洗干净，放入干燥箱内经 170℃ 消毒 2 小时。每次输精后，进行精液品质回检，及时填写配种记录。配种过程要保证无污染操作。

人工输精是一项技术性很强的工作，应熟练掌握才能很好地完成输精操作。为了提高受胎率，同时使母牛产奶量不受或少受影响，一般认为，母牛产后 60~90 天配种是最合适的时间，其间配种受胎率最高。而对于产奶量高的奶牛，配种时间还可以延迟到分娩后 90~120 天。这样可以充分发挥高产奶牛的生产能力，以取得较好的经济效益。

（三）性别控制技术

奶牛性别控制是指通过人为的手段进行干预，使母牛能够按人们的意愿繁殖出特定性别后代的技术。通过有效的方法控制奶牛的性别，增加母牛数量，显著提高优质奶牛繁殖效率，可以最大限度地发挥母牛的遗传能力及生产性能。奶牛的性别控制主要从 3 个方面进行，即精子的有效分离、早期胚胎性别鉴定和受精环境的控制。

1. X、Y 精子的分离

奶牛有 60 条染色体，其中 58 条为常染色体，两条为性染色体。若奶牛受精卵的染色体组合为 XX 则发育为雌性，若为 XY 则发育为雄性，所以精卵结合时精子的类型就决定了奶牛的性别。分离 X、Y 精子的主要依据是 X 精子和 Y 精子不同的物理性质（体积、密度、电荷、运动性）和化学性质（DNA 含量、表面雄性特异性抗原），分离方法主要有物理分离法、免疫分离法、流式细胞分离法。

2. 奶牛胚胎的性别鉴定

胚胎性别鉴定是在胚胎的早期发育阶段，通过一定的实验方法鉴定胚胎的性别，选择相应的性别胚胎进行移植，来达到控制动物性别的目的，早期胚胎性别鉴定方法主要有细胞学方法、免疫学方法、分子生物学方法。其中属于分子生物学法中的聚合酶链式反应（即 PCR）法因其特异性强、灵敏度高、快速、简便、经济等优点，利用 DNA 探针和聚合酶链式反应扩增技术，在早期胚胎的性别鉴定中发挥着越来越重要的作用。

（1）DNA 探针法　从胚胎上取少量细胞，将其 DNA 与 Y 染色体特异标记的 DNA 序列（探针）杂交，结果显示阳性则为雄性胚胎，否则为雌性胚胎。

（2）聚合酶链式反应扩增法　通过合成 SRY 基因片段的寡聚核苷酸片段为引物，在一定条件下进行聚合酶链式反应扩增，能扩增出特异 SRY 序列的为雄性，反之为雌性，其准确率可达 95% ~ 100%。聚合酶链式反应鉴定法是目前唯一常规且最具商业价值的胚胎性别鉴定方法，但该法目前最大的问题是采集胚胎细胞样品时的污染问题。因此要求操作规范，避免外源 DNA 的污染。

胚胎性别鉴定是一种较好的方法，但有一定的局限性。最突出的一个问题就是对技术要求高，在生产中普及困难；另一个问题就是对胚胎的反复操作，易造成胚胎成活率下降。因此，还需进一步优化和完善。

3. 控制母牛受精的外部环境

奶牛外部环境中的某些因素也是性别决定机制的重要条件，这些因素包括营养、体液酸碱度、温度、输精时间、年龄胎次、激素水平等。

（1）控制输精时间　由于 Y 精子在生殖道内的游动速度大于 X 精子，Y精子首先到达受精部位，若在排卵前输精，等到卵子到达时，Y 精子已接近失活；而 X 精子运动慢，但寿命长，此时 X 精子活力远远大于 Y 精子，有利于 X精子与卵子的结合，从而高产母犊的比率高。

（2）调整子宫颈内黏液的酸碱值　Y 精子对酸性环境的耐受力比 X 精子差，当母牛生殖道内的酸碱值较低时，X 精子的活力较强，会拥有更多与卵子结合的机会，故后代雌性较多。通过控制牛的受精环境来实现性别控制虽然有一定的效果，但重复性差。

（四）胚胎移植

一般来讲，一头母牛一次只能生一头犊牛，一个繁殖周期平均需 400 天。一头母牛一生最多也只能繁殖 10 头左右犊牛，如果考虑性别因素的话，还要减半。胚胎移植则可以充分发挥良种母牛的繁殖潜力，提高繁殖效率。如果对供体母牛实行超数排卵，让其一次产生十几枚甚至几十枚胚胎，这样，一头良种高产母牛一生中生产出的后代数就是自然状态下的几倍甚至几十倍。既可以使良种高产母牛的遗传潜力得到充分发挥，又可以加快品种改良速度。其原理是将良种母牛配种后的早期胚胎取出，移植到另外一头或数头同种、同生理状况母牛的生殖道内适当部位，让胚胎在"寄母"的子宫内继续发育生长，直至犊牛产出。在从国外引进良种母牛时，引进胚胎是最安全的方法。因为胚胎很少携带病原微生物，是控制疫病传入最理想的方法。

奶牛的胚胎移植需要由专门的技术人员来操作。胚胎移植包括同期发情、超数排卵、胚胎采集、胚胎保存、胚胎移相等步骤。供应胚胎的母牛称为供体母牛,接受胚胎并让胚胎在体内继续发育的母牛称为受体母牛。胚胎的采集时间最好是在母牛配种后6~8天,适时用冲卵液将胚胎从母牛的生殖道内冲出并加以收集,接受胚胎的母牛也应处于发情周期中的8天左右。为了使供体母牛和受体母牛都处于同一发情时期,应使用相应的激素人为地使母牛群体同时发情。

奶牛胚胎移植示意图见图3-9。

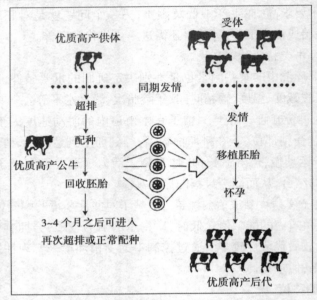

图3-9　牛胚胎移植示意图

(五)同期发情技术

同期发情技术是用生殖激素处理,使一群母牛在某一时期内同时发情的技术。其方法有两种:一种是利用孕激素类药物抑制发情使母牛的发情周期延长,另一种是利用消黄制剂溶解黄体使母牛的发情周期缩短。

1.孕激素法

常用的孕激素有黄体酮、甲羟孕酮、甲地孕酮等。投药方式可采用阴道栓塞、埋植、注射等方法,用药期16~20天,注射法需要每天注射1次,取栓或末次注射孕激素时同时肌注孕马血清1 000~2 000国际单位。经处理的牛群4~5天发情。但第一次发情配种的受胎率比较低,至第二次自然发情时,受胎率明显提高。

2.前列腺素法

前列腺素及其类似物可溶解成熟黄体,但对新生成的黄体无效。无发情记录的牛群,第一次肌内注射前列腺素后有50%~60%的母牛发情。间隔10~13天再注射1次前列腺素,2~3天后发情率达90%以上,输精后能正常受胎,但费用较高。对于发情记录完善的牛群,在发情周期的第8~12天,子宫灌注前列腺素1~2毫克,或肌内注射加倍,母牛在处理后的48~96小时发情。前列腺素注射后再注射100微克促性腺激素释放激素(即GnRH)能够促进排卵同步化。

(六)妊娠与分娩

1.妊娠检查

常用的妊娠检查方法有3种:外部观察法、阴道检查法和直肠检查法。

(1)外部观察法　母牛妊娠后不出现发情周期,食欲增加,被毛变得光亮,性情温驯、行动谨慎,妊娠5个月腹围明显增大,向右侧突出,乳房逐渐发育。

(2)阴道检查法　用阴道开张器进行妊娠诊断。向阴道内插入开张器时感到有阻力;打开阴道开张器时可看到黏膜苍白、干燥。子宫颈口关闭,向一侧倾斜。妊娠达1.5~5个月时,子宫颈塞的颜色变黄、稠浓;6个月后,黏液变稀薄、透明,有些排出体外在阴门下方结成痂块。子宫颈位置前移,阴道变得深长。

(3)直肠检查法　母牛配种后19~22天子宫变化不明显,如果卵巢上有发育良好的黄体。可怀疑已受孕。妊娠30天后,两侧子宫大小开始不一。孕角略为变粗,质地松软,有波动感,孕角的子宫壁变薄;空角较坚实,有弹性。用手握住孕角,轻轻滑动时可感到有胎囊,用拇指与食指捏起子宫角,然后放松,可感到子宫腔内有膜滑过。胎囊在40天时才有球形感,直径达3.5~4厘米。

妊娠60天,孕角大小为空角的2倍左右,波动感明显,角间沟变得宽平,子宫向腹腔下垂,但依然能摸到整个子宫。

妊娠90天,孕角的直径长到10~12厘米。波动极明显,空角也增大了1倍,角间沟消失,子宫开始沉向腹腔,初产牛下沉要晚一些。子宫颈前移,有时能摸到胎儿。孕侧的子宫动脉根部出现微弱的妊娠脉搏。

妊娠120天,子宫全部沉入腹腔,子宫颈越过耻骨前缘,一般只能摸到两侧的子宫角。子叶明显,可摸到胎儿,孕侧子宫动脉的妊娠脉搏已向下延伸,可明显感到脉动。

妊娠 150 天，子宫腔大，沉入前腹腔区，子叶增长到胡桃核到鸡蛋大小，子宫动脉增粗，达手指粗细。子宫动脉也增粗，出现妊娠脉搏。子宫动脉沿荐骨前行，在荐骨与腰椎交界的腹部前方，可摸到主动脉的最后一个分支，称髂内动脉。在左右 2 根髂内动脉的根部，顺子宫阔韧带下行可摸到子宫动脉。

2. 分娩及助产

（1）预产日期推算　牛的妊娠期有品种间差别，短的 274 天，长的至 290 天，一般荷斯坦牛妊娠期较长，平均按 280 天计算。预产期按月份数减"3"，日期数加"7"进行推算。也可以从预产期推算表查阅。

（2）分娩助产　正常情况下，临近分娩时，可以发现软产道、子宫颈、阴道、尿生殖前庭和阴门都变得十分松软。子宫肌在松弛素和雌激素的作用下强力收缩，以阵缩的方式将胎儿推向子宫颈管，强行扩展子宫颈，直至与阴道的界限完全消失，胎儿顺势分娩到母体外。

若发现胎儿口鼻露出，却不见产出时，将消毒后的手臂伸进阴道进行检查，确定胎位是否正常。若为头在上，两蹄在下，无屈肢的情况，为正常，应等待其自然产出，必要时也可以人工辅助拉出。若只见前蹄，少见口鼻，应摸清头部是否正位，当正位时，可待其自然生产；若是弯脖，则应调整姿势。一旦包住口鼻的胎膜破裂应立刻设法拉出，以免呛鼻或窒息。若口鼻部和两前肢已经露出阴门，可当即撕破胎膜，待其产出。遇到倒生的情况应当立即拉出胎儿。

到达预产期的母牛出现了强烈努责，半小时以上不见犊牛产出，或者胎水已排出，却不见犊牛肢蹄伸出，或者虽有部分肢蹄或头嘴露出，却并不产出，可以定为难产。较多的是胎儿的胎体不正，或者产道狭窄，或者胎儿头部过大，或者母牛比较衰弱。应立即进行胎位检查，对胎位不正的进行扶正操作。

第四章 饲料标准化安全生产

　　奶牛日粮的配制应根据奶牛饲养标准和饲料营养成分表,结合奶牛群实际,科学设计日粮配方。日粮配制应精粗料比例合理,营养全面,能够满足奶牛的营养需要;适当的日粮容积和能量浓度;成本低、经济合理;适口性强,生产效率高;营养素间搭配合理,确保奶牛健康和乳成分的正常稳定。

第一节　奶牛饲料的分类及营养特点

奶牛生产常用饲料可分为粗饲料、精饲料、糟粕类饲料、多汁饲料、矿物质饲料、饲料添加剂和特殊类饲料等类型。

一、粗饲料分类及营养特点

粗饲料一般指天然水分含量在60%以下,体积大,可消化利用养分少,干物质中粗纤维含量大于或等于18%的饲料。主要包括干青草类、农副产品类（荚、壳、藤、秸、秧）、树叶类和糟渣类等。其来源广、种类多、产量大、价格低,是奶牛冬春两季的主要饲料来源。奶牛缺乏优质粗饲料,不仅难以发挥其生产潜力,而且也难以获得良好的经济效益。

1. 青干草

青干草(图4-1)是指青草或栽培青饲料在未结子实以前,刈割下来经日晒或人工干燥而制成的干燥饲料,由于制备良好的青干草仍保持一定的青绿颜色,所以也称青干草。青干草的营养价值取决于制作原料的植物种类、刈割时期、调制方法和储藏技术等。

图4-1　青干草

青干草按植物的种类,可分为以下几种:

（1）豆科青干草　如苜蓿、三叶草、草木樨、毛苕子、大豆青干草等。这类青干草营养价值较高,富含可消化粗蛋白质、钙和胡萝卜素等。奶牛日粮中配合一定数量的豆科青干草,可以弥补饲料中蛋白质数量和质量方面的不足。

如用豆科青干草和玉米青贮饲料搭配饲喂奶牛,可以减少精饲料用量或完全省掉精饲料。

（2）禾本科青干草 如羊草、冰草、黑麦草、无芒雀麦、鸡脚草和苏丹草等。这类青干草来源广、数量大、适口性好。天然草地上生长的绝大多数是禾本科牧草,是牧区、半农半牧区的主要饲草。禾本科牧草一般含粗蛋白质与钙较少,其营养价值因种类和刈割时期不同而差异很大。

（3）谷类青干草 为栽培饲用谷物在抽穗至乳熟、蜡熟期刈割调制成的青干草。如玉米、大麦、燕麦、谷子等,这类青干草含粗纤维较多,是农区草食家畜的主要饲草。

（4）混合青干草 是以天然草场和混播牧草草地刈割的青草调制的青干草。

（5）其他青干草 是以块茎、瓜类的茎叶、蔬菜和野草等调制的青干草。

2. 青绿饲料

青绿饲料（图4－2）是指天然水分含量在60%以上的绿色植物,包括树叶类以及非淀粉质的块根、块茎、瓜果类等。其含有丰富、优质的粗蛋白质和多种维生素,钙、磷含量丰富,粗纤维含量少。青饲料的营养价值随着生长期的延续而下降,而干物质含量则随着生长期的延续而增加。因此,青饲料应当在拔节期到开花期利用较为合理,此时产量较高,营养价值又较丰富,利用率也较高。在实践中用青绿饲料与干草或青贮饲料同时饲喂奶牛比单独饲喂时产奶效果要好。常用的青饲料有豆科类的紫花苜蓿、三叶草等,禾本科的苏丹草、黑麦草、羊草等,蔬菜类的饲用甘蓝、胡萝卜茎叶等。

图4－2 青绿饲料

精饲料一般指容积小、可消化利用养分含量高、干物质中粗纤维含量小于18%的饲料。包括能量饲料和蛋白饲料。

1. 能量饲料

能量饲料是指干物质中粗纤维含量低于18%,同时粗蛋白质低于20%的谷实等,这类饲料主要有谷实类、糠麸类、草籽树实类、淀粉质的块根类和块茎类、瓜果类以及油脂类饲料,如玉米、大麦、小麦、高粱、荞麦、米糠、小麦麸、玉米种皮、红薯干、马铃薯干、豆油、牛油等。

能量饲料中粗蛋白质含量少,仅10%左右,且品质不完善,赖氨酸、色氨酸、蛋氨酸等必需氨基酸含量少,钙及可利用磷也少,除维生素 B_1 和维生素 E 丰富外,维生素 D 及胡萝卜素也缺乏。

下面介绍常用的几种能量饲料。

(1)玉米 玉米所含能量在谷实饲料中处于首位、含粗纤维少,易消化,适口性好,但蛋白质及氨基酸含量很低,不含维生素 D。

(2)高粱 高粱的成分与玉米相似,但由于高粱中含有单宁,有涩味,适口性较差,而且缺乏赖氨酸和苏氨酸。

(3)大麦 大麦同玉米相比,含蛋白质稍高,几种必需氨基酸的含量也稍高于玉米,消化能略低于玉米。

(4)稻谷 稻谷具有粗硬的种子外壳,粗纤维较高,能量低于玉米,粗蛋白质含量与玉米近似。

(5)米糠 米糠是糙米加工白米时,分离出来的种皮、糊粉层与胚3种物质的混合物,其能量和蛋白质含量高,但由于不饱和脂肪酸含量高,容易因氧化而酸败。米糠在日粮中配比过高,一是易引起下泻,二是易使牛奶生产黄油时变软,牛的体脂变软。

(6)块根块茎类 如甘薯主要成分是淀粉和糖,适口性好,但带有黑斑病的甘薯不能喂牛,否则会导致气喘病或致死;发芽的马铃薯芽和芽眼中的龙葵素,也会引起奶牛的胃肠炎;胡萝卜是一种优良的多汁饲料,它含有丰富的胡萝卜素,并含有一定数量的蔗糖和果糖,冬季加喂可以提高奶牛产奶量和牛奶的品质。

2. 蛋白质饲料

蛋白质饲料是指干物质中粗纤维含量低于18%,粗蛋白质含量为20%以上的豆类、饼粕类、动物性饲料等。根据来源不同,蛋白质饲料可以分为植物性蛋白质饲料、动物性蛋白质饲料、单细胞蛋白质饲料和非蛋白氮饲料 4 类。

(1)植物性蛋白质饲料　主要是豆类子实及其加工副产品,如大豆、花生、棉籽、菜籽、芝麻等经提取油后的饼类,例如大豆饼(粕)、花生饼(粕)、棉仁饼(粕)、菜籽粕等。这些饲料的特点是蛋白质含量高,占 30% ~ 50%,各种原料因榨油方法不同,营养价值差异较大。豆饼(粕)是奶牛的主要蛋白质饲料。值得注意的是大豆饼中含有抗胰蛋白酶、血球凝集素、皂角苷和脲酶,花生饼中也含有抗组蛋白酶,棉仁粕中含有棉酚,菜籽粕中含有芥子苷,它们都必须经过加热等办法做脱毒处理。大豆、豌豆、蚕豆等豆类本身也是较好的蛋白质饲料,但大豆喂奶牛前也必须经过加热处理后方可饲喂。

(2)动物性蛋白质饲料　包括牛奶及奶制品、鱼粉、肉骨粉、屠宰场的下脚料、蚕蛹、蚯蚓等,其生物学价值高,氨基酸组成完善,钙和磷的含量也较高,是一种蛋白质含量高、质量好的饲料。牛奶(特别是初乳)是犊牛营养价值最完全的饲料。鱼粉的限制性氨基酸含量很高,可以作为泌奶牛和犊牛的蛋白质饲料,反刍动物的肉骨粉切勿作为奶牛饲料。

(3)单细胞蛋白质饲料　主要是一些酵母、非病原细菌等食用生物,另外还包括一些低等植物如绿藻、小球藻等。酵母中富含各种必需氨基酸,营养价值与乳蛋白相似,还富含 B 族维生素、无机盐和未知促生长因子,能提高牛奶产量,提高牛奶乳脂率。

(4)非蛋白氮饲料　一般常用的含氮物有尿素、双缩脲和某些铵盐,目前利用最广泛的是尿素。由于尿素有盐味和苦味,直接混于精饲料中喂牛,牛开始不适应,加上尿素在瘤胃中分解速度快于合成速度,就会有大量的尿素分解成氨进入血液。因此,用尿素饲喂奶牛要有一个由少到多的过渡阶段,还必须是在日粮中蛋白质不足 10% 时方可加入,且用量不得超过干物质的 10%。近年来,秸秆氨化技术广泛普及,用 3% ~ 5% 的氨处理秸秆,氨的消化率可提高 20%,秸秆干物质的消化率提高 10% ~ 17%。奶牛对秸秆的进食量比未处理的增加 10% ~ 20%。

三、青贮饲料

青贮饲料(图 4 - 3)包括用新鲜的天然植物性饲料制成的青贮饲料、加有适量糠麸类或其他添加物的青贮饲料,以及水分含量在 45% ~ 55% 的半干青贮饲料。饲料青贮是一种储藏青饲料的方法,它将铡碎的新鲜植物通过微生物发酵和化学作用,在密闭条件下调制而成。青贮饲料不仅可以较好地保存青饲料中的营养成分,而且由于微生物发酵所产生的酸类及醇类,可使青贮饲料具有酒酸香味,适口性变好,且易消化吸收。玉米在蜡熟期大部分茎叶还是绿色,下部仅有 2～3 片叶子枯黄,此时全株粉碎后用来青贮,养分含量高,易于奶牛消化吸收。

图 4-3　青贮饲料

四、矿物质饲料

矿物质饲料包括工业合成的、天然的单一矿物质饲料,多种混合的矿物质饲料,以及配合有载体或赋形剂的微量、常量元素的饲料。一般植物性饲料都富含钾,而缺乏钠和氯,钙、磷含量也都不足,而且常常是钙少磷多,由此饲喂植物性饲料时,需额外补充这些物质。

1.含钙饲料

含钙饲料有石粉、贝壳粉等,主要成分是碳酸钙,动物对其利用率较高,是补充钙质最简单的原料。

2.含磷饲料

生产中常用来补充磷的饲料,有磷酸氢钙和脱氟磷酸钙等。

3.食盐

每千克食盐含钠 380～390 克,含氯 585～600 克。食盐添加量可占奶牛风干饲料量的 1%。

五、维生素饲料

维生素饲料指工业合成或提纯的单一维生素或复合维生素。奶牛瘤胃中的微生物可以合成 B 族维生素和维生素 K,肝、肾中可合成维生素 C。因此,除犊牛外一般不需额外添加,只考虑维生素 A、维生素 D 和维生素 E 的添加。除配料需要外,维生素不宜与氯化胆碱和微量元素长期储存在一起。

六、饲料添加剂

不包括矿物质饲料、维生素饲料和氨基酸在内的所有添加剂。如防腐剂、着色剂、矫味剂、抗氧化剂、驱虫保健剂、促生长剂等非营养性添加剂。其作用是完善饲料的营养性,提高饲料的利用率,促进奶牛的生产性能和预防疾病,改善牛奶品质。

第二节　奶牛精饲料补充料

奶牛精饲料补充料是为了补充以粗饲料、青饲料、青贮饲料为基础的草食饲料,而用多种饲料原料按一定比例配制的饲料产品。精饲料补充料提供奶牛所需而粗料又供给不足的那部分能量、蛋白质、钙、磷、维生素等,由于优质的牧草的短缺,加上粗料品种单一,因此,精饲料补充料在奶牛日粮中不可或缺,精饲料补充料的重要地位决定了配制精饲料的科学性和合理性,直接影响到奶牛的生长性能、繁殖性能和产奶性能。

一、奶牛精饲料补充料分类

1. 精饲料预混料

奶牛预混料含有奶牛身体所需的常量、微量元素和维生素,有的还含有生物素、瘤胃生理调节剂等物质。它可以补充日粮不足以满足奶牛所需的常量、微量元素和维生素。预混料最好采用有口碑的名牌产品,因其中所含常量、微量元素和维生素的种类及各种元素比例更贴近于奶牛身体所需。预混料的添加量须按说明使用。

2. 油脂

奶牛精饲料中采用油脂一般有两种形式:一是往精饲料中添加豆油,主要目的是减少奶牛热应激和提高精饲料能值;二是往精饲料中添加脂肪粉,一般用于泌乳早期牛,主要目的是预防奶牛酮病的发生和提高精饲料适口性。

3. 饲料酵母

饲料酵母是利用酵母菌体作饲料,一般采用液体发酵法生产,是纯的单细胞蛋白，为工业废水渣等生产的一种蛋白质饲料。饲料酵母蛋白质含量高，营养价值接近于鱼粉，可替代价格昂贵的鱼粉。

4. 玉米蛋白粉

玉米蛋白粉是玉米生产淀粉的副产品，主要用于提高奶牛精饲料的蛋白质含量，提高精饲料成分。因其氨基酸组成不平衡，不能用它完全替代豆粕、鱼粉等传统的蛋白质饲料，可替代部分蛋白质饲料，主要用于降低饲料成本。

5. 酒糟

酒糟为甘薯、木薯、玉米、高粱、糖蜜等原料发酵制酒精的副产品，也可用来提高奶牛精饲料的蛋白质含量，一般用量不超过 6%。

6. 脱霉素

在阴雨潮湿季节，饲料原料很易发霉变质，奶牛要是长期食入发霉变质的饲料，会导致消化系统等多方面疾病，影响乳品质。因此在平时要仔细观察，如发现有霉变应立即停用，在梅雨季节应在原料中加入适量脱霉素。

二、使用奶牛精饲料补充料的注意事项

1. 选择合适的饲料添加剂

违禁的添加剂应坚决杜绝使用，添加剂选用时必须根据饲养目的、饲料条件和畜禽健康状况来决定。

2. 合适的添加剂量

在饲养管理适宜、饲料营养基本符合需要的情况下，合理使用适量的添加剂可以补充营养、促进生长、抗病健体，过量则会起到相反的作用。

3. 与精饲料混合料充分混匀

要保证各种添加剂均匀分布在混合精饲料中，防止因动物采食不到添加剂或过量采食而引起不良反应。对已加入添加剂的饲料，不宜加热或发酵，不得任意加酸加碱，否则会降低添加剂的作用。

第三节　奶牛饲料添加剂及使用

一、饲料添加剂的概念及分类

饲料添加剂是为了满足畜禽需要而在饲料（精饲料及其混合物、粗饲料、

青饲料等)的加工、储存、调配、饲喂过程中添加的微量或少量物质。这些附加物可以补充或平衡饲料营养成分,提高饲料适口性和利用率,促进动物生长和预防疾病,防止饲料在储存期间质量下降,改进畜禽产品品质。正确合理地使用添加剂,关系到动物和人体健康,意义重大。

饲料添加剂可分为两大类:一类是非营养性物质,如酶制剂、低聚糖、脲酶抑制剂、饲用微生物等;另一类是营养性物质如维生素、微量元素、氨基酸等。由于饲料添加剂在饲料中比例很小,因此为了将它们均匀地添加到饲料中,应把添加剂与合适的载体及稀释剂预先制成混合物,即添加剂预混料或添加剂预混剂。

二、常用饲料添加剂介绍

1. 非营养性饲料添加剂

(1)瘤胃及肠道调控添加剂　包括缓冲剂和有机酸添加剂。缓冲剂如碳酸氢钠、氧化镁和乙酸钠等,它可以提高有机质消化率、中和胃酸、防止酸中毒、增加采食量。

(2)饲料调制添加剂　粗饲料占奶牛饲料的60%～80%,但蛋白质含量低,粗纤维、木质素含量高,不易消化,适口性差。为了提高粗饲料的适口性和消化率,节省精饲料,秸秆氨化技术得到了广泛应用。碱化秸秆和氨化秸秆可以破坏木质素-半纤维素-纤维素的复合结构,使纤维素与半纤维素被释放出来,被微生物及酶分解利用,常用的这类添加剂有氢氧化钠(又名苛性钠)和尿素。在饲喂碱化或氨化后的秸秆时应少喂勤添,由少到多,饲喂前释放掉氨味,同时合理搭配精饲料。

(3)微生态制剂　主要指益生素添加剂,常用的无公害饲料微生物有乳酸杆菌、双歧杆菌、芽孢杆菌、活性酵母及其培养物。饲用微生物作为无公害饲料添加剂,有着广阔的开发应用前景。它能调节胃肠道微生物区系平衡,竞争性抑制有害微生物的生长,促进有益菌生长,减少胃肠道发病率;可刺激胃肠道非特异性免疫,提高免疫力;还能合成维生素等营养物质供动物体利用,间接起到促进生长和提高饲料转化率的作用。

(4)酶制剂　饲料酶制剂包括淀粉酶、蛋白酶、脂肪酶等内源性酶,还包括纤维素酶、植酸酶、果胶酶等外源性酶,以及酵母、麦芽、多种曲类复合酶制剂。因其无毒、无残留、无副作用,成为新型促生长类饲料添加剂。酶作为生物化学反应的催化剂,促进蛋白质、脂肪、淀粉和纤维素的水解,从而促进饲料营养的消化吸收,最终提高饲料利用率和促进动物生长。

(5)低聚糖　又称寡糖、寡聚糖,也有称益生原、化学益生素,是指 2~10 个单糖通过糖苷键连接起来形成直链或支链的一类糖。主要有低聚木糖、寡果糖、甘露寡糖、反式半乳寡糖、大豆寡糖、寡葡萄糖、麦芽寡糖、异麦芽寡糖、半乳寡糖等。多数研究表明,低聚糖能提高抗病力、生产性能和饲料转化率等。

2. 营养性饲料添加剂

主要包括微量元素、维生素、氨基酸及非蛋白氮添加剂。它们在饲料中都能对动物起具体的营养作用,添加的目的在于补充配合饲料中的某种营养物质的不足,从而使配合饲料营养全面。

(1)微量元素添加剂　动物所必需的矿物质元素有许多种,其中钙、磷、镁、钾、钠、硫、氯为常量元素,占体重的 0.01% 以上;而铁、铜、锰、钴、碘、硒、钼、氟仅占体重的 0.01% 以下,称为微量元素。

(2)维生素添加剂　维生素添加剂与矿物质元素不同,它是有机化合物,要在体内起催化作用,它们促进主要营养素的合成与分解,从而控制机体代谢。

(3)氨基酸添加剂　氨基酸添加剂有蛋氨酸、赖氨酸、谷氨酸、甘氨酸、色氨酸及苏氨酸。饲料中添加氨基酸,可以补充某些氨基酸的不足,平衡氨基酸比例。我国较常用的是蛋氨酸和赖氨酸。

(4)非蛋白氮添加剂　非蛋白氮泛指饲料用铵盐、尿素、氮、双缩脲及其他简单含氮化合物,这类化合物不含能量,可作为微生物的氮源而间接起到补充动物蛋白质营养的作用。非蛋白氮中最常用的是尿素,缩二脲、铵盐、异丁基二脲等也属于非蛋白氮添加剂。

(5)天然矿物质　近年来,直接使用天然矿物质(如麦饭石、膨润土、沸石、海泡石等)和稀土元素喂给奶牛的研究与应用有了很大进展,这些矿产在我国资源丰富,容易开采和加工,成本低廉,无副作用,使用安全,开发前景广泛。

1)膨润土　膨润土含有对畜禽有益的矿物元素,调节机体代谢,增强免疫,吸收体内毒物,吸附抑制有害菌,从而提高奶牛生产力。麦饭石含有多种有益元素,易被奶牛利用,调节代谢,促进生长,它还能吸附有毒物质,提高机体免疫力等。

2)稀土　在奶牛生产中,稀土作为优良的添加剂,在体内促进营养物质消化吸收、促进生长发育和繁殖、预防疾病等方面具有明显效果。稀土硝酸盐最常用,用于奶牛,其添加量一般为每头每天6～10克混于精饲料饲喂,增产效果良好。

3)沸石 沸石用于反刍动物,能吸附胃肠道中有害气体,并将吸附的铵离子缓慢释放,供瘤胃合成菌体蛋白,增加畜体蛋白质的生成和沉积。另外,沸石对机体酶有增强作用,提高了瘤胃微生物对粗纤维的利用。应用时,一般在奶牛精饲料中按5%～8%比例添加。

三、添加剂的合理安全使用

奶牛所用饲料、饲料添加剂和饮水应符合《饲料和饲料添加剂管理条例》、NY 5048 和 NY 5027 的规定,按照 NY/T 5049 标准加强饲养管理,采取各种措施以减少应激,增强动物自身的免疫力,禁止饲喂反刍动物源性肉骨粉。

饲料及添加剂的使用应符合 NY 5048 的规定。

饲养生产过程中,饲料添加剂的使用必须符合生产绿色食品的饲料添加剂使用准则。

允许使用国家兽药管理部门批准的微生态制剂。不应在饲料中额外添加未经国家有关部门批准使用的各种化学剂及保护剂(如抗氧化剂、防霉剂)等添加剂。

禁止在饲料及饲料产品中添加未经国家畜牧兽医行政管理部门批准的《饲料药物添加剂使用规范》以外的兽药品种,特别是影响奶牛生殖的激素类药、具有雌激素样作用的物质、催眠镇静药和肾上腺素类药等兽药。

生产绿色动物食品,饲料添加剂的使用必须符合生产绿色食品的饲料添加剂准则,应尽量使用生物制剂或低毒无残留兽药添加剂替代抗生素。滥用抗生素类添加剂如超量添加、不遵守停药期,或者非法使用催眠镇静剂、激素或激素样物质等,都会导致这类药物在畜产品中残留超标,影响人体健康。

第四节 饲料的加工、调制与储存

一、饲料的加工方法

各种原料经过必要的粉碎(图4-4),按照配方进行充分的混合。粉碎的颗粒宜粗不宜细,如玉米的粉碎,颗粒直径以2～4毫米为宜。另外,可以采用压扁、制粒、膨化等加工工艺。

图4-4 饲料粉碎

二、干草的制备

干草的营养成分与适口性和牧草的收割期、晾晒方式有密切关系。禾本科牧草应于抽穗期刈割,豆科牧草应于初花现蕾期刈割。牧草收割之后要及时摊开晾晒,当牧草的水分降到15%以下时及时打捆(图4-5),避免打捆之前淋雨。豆科牧草也可压制成捆状、块状、颗粒成品供应。

图4-5 干草打捆

三、青贮饲料的加工调制

原料要求：制作青贮饲料的玉米最适宜的收割期为乳熟后期至蜡熟前期。入窖时原料的水分控制在65%左右为最佳，水分过高或过低都会影响青贮饲料的品质。青贮原料应含一定的可溶性糖（最低含量应达2%），当青贮原料含糖量不足时，应掺入含糖量较高的青绿饲料或添加适量淀粉、糖蜜等。

制作要求：原料在青贮前，要切碎至3.5厘米左右（图4-6）。往青贮窖中装料，应边往窖中填料，边用装载机或链轨推土机层层压实，时间一般应不超过3天。对于容积大的青贮窖，在制作时可分段装料、分段封窖。应用防老化的双层塑料布覆盖密封，密封程度以不漏气不渗水为原则，塑料布表面用砖土覆盖压实（图4-7）。在青贮饲料的储藏期，应经常检查塑料布的密封情况，有破损的地方应及时进行修补。青贮饲料一般在制作45天后可以使用。密封完好的青贮饲料，原则上以1~2年使用完毕为宜。

图4-6　原料切碎

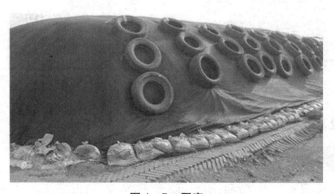

图4-7　压实

四、秸秆类饲料加工调制

物理处理法主要包括切短、粉碎、揉搓、压块、制粒（图4-8）等。秸秆切短至3～5厘米为宜。

化学处理法主要包括石灰液处理、氢氧化钠液处理、氨化处理（图4-9）等。氨化处理多用液氨、氨水、尿素等。

图4-8　秸秆饲料制粒

图4-9　秸秆氨化处理

生物处理法主要采用秸秆微贮技术。

五、饲料的储藏

饲料的储藏要防雨、防潮、防火、防冻、防霉变、防发酵及防鼠、防虫害。饲料堆放整齐,标志鲜明,便于先进先出。饲料库应有严格的管理制度,有准确的出入库、用料和库存记录。

第五节　日粮的配制

一、配制原则

应根据奶牛饲养标准和饲料营养成分表,结合奶牛群实际,科学设计日粮配方。日粮配制应精粗料比例合理,营养全面,能够满足奶牛的营养需要;适当的日粮容积和能量浓度;成本低、经济合理;适口性强,生产效率高;营养素间搭配合理,确保奶牛健康和乳成分的正常稳定。

二、日粮配制应注意的问题

日粮中应确保有稳定的玉米青贮供应,产奶牛以日均 20 千克以上为宜;奶牛必须每天采食 3 千克以上的干草,应优先选用苜蓿、羊草和其他优质干草等,提倡多种搭配。

应注意合理的能量蛋白比,过多的蛋白质会引起酮病等代谢病,过量的脂肪会降低乳蛋白率。

日粮配合比例一般为粗饲料占 45% ~ 60%,精饲料占 35% ~ 50%,矿物质类饲料占 3% ~ 4%,维生素及微量元素添加剂占 1%,钙、磷比为(1.5 ~ 2.0):1。

奶牛养殖中禁止使用动物源性饲料,外购混合精饲料应有检测报告(包括营养成分和是否含有动物源性及药物成分)。

第六节　奶牛全混合日粮技术(TMR)

目前,规模化奶牛场均采用全混合日粮饲喂方式,根据奶牛在泌乳各阶段的营养需要,把切短的粗饲料与精饲料、各种添加剂进行充分混合而成的一种营养相对平衡的日粮。该技术是为了达到奶牛产奶量,减少代谢性疾病,保证牛群健康的目的。全混合日粮饲养技术对于散栏式牛舍更能充分发挥高产奶牛的生产潜力,提高饲料转化率和劳动生产率,增加经济效益。为了易于确定营养标准,全混合日粮饲养技术需要建立在分群饲养的基础上。但是,有的奶牛场由于牛群规模不大，难以分群，而采用了"A＋X"式的饲喂方式，A为基本日粮，X为其他饲料。对高产奶牛添加高能高蛋白质的营养饲料，对低产奶牛增加粗饲料的喂量。这种饲喂方式在我国值得推广。

一、TMR制作技术

1. TMR装料顺序

根据不同TMR混合机型，遵循先长后短、先干后湿的原则。添加顺序一般为：干草和苜蓿、精饲料、流动性较差的饲料（如棉籽等）、湿度大的饲料（如浸水甜菜粕、啤酒糟、豆腐渣等）、青贮饲料、液体饲料（如糖蜜等）、适量的水。

2. TMR用餐单的制作

根据生产性能划分群别为高产群、中产群、低产群或后备牛群等。首先，制定出该牛群单头牛所需TMR配方，即每种草、料的单项用量。再以该牛群饲养的牛头数分别乘以TMR的每一组分，得到该牛群实际投入量，即整群牛的"用餐单"，这样TMR员工根据所制定的每个牛群"用餐单"添加量进行搅拌，供给各个不同的牛群。

3. TMR搅混的时间

（1）固定式或卧式搅拌机　开始装料即缓慢进行搅拌，当最后一种饲料加入后，一般混合3～5分；该类型搅拌机对长的干草搅碎时间过长，可用铡草机对长干草进行预处理。

（2）立式搅拌机　先放入长干草或长的粗饲料，混合3～4分切短粗饲料；然后装入其他饲料，再混合4～8分即可。

4. TMR质量监测

（1）TMR粒度取样方法　一般应从饲槽的4个不同部位采集样品，并对颗粒大小进行分析。

（2）粒度测试　根据华北地区饲料的特点，用宾州分级筛测试饲料颗粒大小。

（3）确保添加数量的准确性　无论哪种搅拌机，必须定时对计量器进行测试，保证数量的精确性，每个日粮组分误差控制在±2%。

（4）TMR营养成分检验　对制作完成的TMR，随机抽取每群样品，进行常规营养成分化验，如蛋白质、脂肪、灰分、钙、磷、酸性洗涤纤维、中性洗涤纤维、水分等。通过各指标化验明确实际TMR营养浓度与理论配方是否相一致，并能换算出奶牛各阶段干物质的进食量。TMR含水量应控制在50%～

55%,水分过低会导致草料分离,水分过高会降低干物质进食量。

二、TMR 的配制

1. 日粮配制原则及营养需要

TMR 依据精粗比例合理、营养全面、满足各个阶段营养需要、饲料成本低、适口性强、报酬高并确保奶牛健康和牛奶成分正常稳定的原则进行配制。日粮各阶段营养需求推荐表4-1、表4-2。

表4-1 成年母牛各阶段营养浓度需要

营养需求	干奶前期(干奶至产前22天)	干奶后期(21天至产犊)	围产后期(0~14天)	泌乳前期(15~100天)	泌乳中期(101~200天)	泌乳后期(>201天)
干物质(千克)	13	10~11	17~19	23.6	22	19
总能(兆焦/千克)	5.77	6.27	7.11	7.44	7.19	6.35
脂肪(%)	2	3	5	6	5	3
粗蛋白质(%)	13	15	19	18	16	14
非降解蛋白(%)	25	32	40	38	36	32
降解蛋白(%)	70	60	60	62	64	68
酸性洗涤纤维(%)	30	24	21	19	21	24
中性洗涤纤维(%)	40	35	30	28	30	32
粗饲料提供中性洗涤纤维(%)	30	24	22			
可消化总养分	60	67	75	77	75	67
钙(%)	0.6	0.7	1.1	1	0.8	0.6
磷(%)	0.26	0.3	0.33	0.46	0.42	0.36

营养需求	干奶前期(干奶至产前22天)	干奶后期(21天至产犊)	围产后期(0~14天)	泌乳前期(15~100天)	泌乳中期(101~200天)	泌乳后期(>201天)
维生素A(国际单位/千克)	100 000	100 000	110 000	100 000	50 000	50 000
维生素D(国际单位/千克)	30 000	30 000	35 000	30 000	20 000	20 000
维生素E(国际单位/千克)	600	1 000	800	600	400	200

表4-2 犊牛与后备牛的营养需要

月龄	体重(千克)	奶牛能量单位	干物质(千克)	粗蛋白质(克)	钙(克)	磷(克)
4~6	110~170	6.5~9	3~4.5	500~580	20~24	13~16
7~16	280~400	12~15	5~7	600~720	30~38	20~25
17至产前60天	420~520	18~20	7~9	750~850	45~47	32~34

2. TMR配制应注意的问题

第一,过瘤胃蛋白和过瘤胃脂肪应适量,过多的蛋白质会引起酮病等代谢病,脂肪添加过量会降低乳蛋白率。

第二,合理平衡的矿物质,钙、磷比为(1.5~2.0):1。

第三,合理的能量蛋白比,同时还应考虑不同种类蛋白质饲料中氨基酸的互补性。

第四,精饲料配合比例,一般能量饲料占50%~55%,蛋白质类占25%~30%,矿物质占3%~5%,维生素及微量元素添加剂占1%,其他辅料(如麸皮、干啤酒糟等)占5%~10%。

第五,在粗饲料选择中,干草类应选用优质苜蓿干草、东北羊草和小黑麦干草,青贮饲料应以玉米青贮为主。

三、饲养管理的方法

1. 饲喂 TMR 分群原则

根据奶牛的营养需求来分群。将类似状况的奶牛划分在同一群，如泌乳天数相近、泌乳量相近、饲养月龄相近等，尽量缩小同类牛群的差别。另外，还要考虑体况、年龄、经产牛、头胎牛、配种等情况，只有这样才能最有效地发挥TMR 饲喂方式的优越性。

2. 牛群的划分

（1）泌奶牛　分为 4 群。新产群，产后 2 周之内，饲喂围产后期 TMR，对于食欲良好产后恢复快的奶牛，可提前进入高产群饲喂 TMR；泌乳前期群，产后 15～100 天的牛，可饲喂高产牛 TMR；泌乳中期群，泌乳 101～200 天的牛，可用高产牛 TMR 和低产牛 TMR 按比例混合，根据具体泌乳中期牛群的实际泌乳产量灵活调整比例，一般高产料占 50%，低产料占 50%，高产料最高值不能超过 60%，即要发挥生产潜力，还要力行节约减少投入成本；泌乳后期群，泌乳 201 天干奶的牛群可饲喂低产牛 TMR。

（2）干奶牛　分为 2 群。第一群为干奶成母牛或青年牛预产前 2 个月至产前 22 天，饲喂干奶牛 TMR；第二群为产前 21 天至产犊，即可饲喂围产前期 TMR；也可利用 50% 高产牛 TMR 和 50% 干奶牛 TMR 自己调制混合而成。

（3）犊牛群　分为 3 群。第一群为 0～2 月龄，哺乳群犊牛除正常哺乳外，7 天后喂给适量的开食料，随吃随喂；第二群为 2～4 月龄，饲喂犊牛开食料和优质苜蓿，24 小时随意采集；第三群为 4～6 月龄，饲喂犊牛 TMR 混合日粮，自由采食。

（4）后备牛群　群分为 4 群，也可分为 2 群、4 群。第一群为 6～10 月龄（184～304 天），第二群为 10～15 月龄（305～456 天），第三群为 15～20 月龄（457～608 天），第四群为 20 月龄至预产前 2 个月（609 天至产前 61 天）。如饲养牛群数量少可分为 2 群，6～15 月龄为一群和 16 月龄至预产前 2 个月为一群。

（5）头胎泌奶牛　应单群饲养，饲喂高产牛 TMR。

3. 分群的注意事项

第一，泌乳群同群之间泌乳量差异不应过大，一般不超过 10～15 千克。

第二，牛群的划分除应考虑产奶量及泌乳天数外，还应考虑牛的体况、采食量、疾病等因素。如前期群，按饲喂天数及数量应该调入泌乳中期，因体质、体膘较差,可减缓调入下一个群,使其尽快恢复体况及体膘。

第三,调群时,一次调入同一牛群的数量尽量多一些,以减少牛群之间的争斗现象。最好在傍晚调牛,以减少应激。

4. 牛群饲槽管理

(1) TMR 草料的管理　饲草向槽内投放须均匀,确保奶牛每天 20 小时都能吃到优质草料。并且保证每次挤奶完成后能吃到新鲜的 TMR,这样还能有效减少乳腺炎的发生。

(2) TMR 合理的投料次数　华北地区每年 6 ~ 9 月,每天投料 3 次,其他月份可投料 2 次,同时在投料间隔保证投料次数不低于 4 次,以达到增加采食的目的。

(3) TMR 投放后饲槽的巡视　观察饲槽内草料,采食前与采食后的 TMR 应基本一致。饲料不能分离,特别是粗饲料与精饲料,如有分离现象说明粗饲料过长或水量添加不足。所剩料脚外观和采食前应相近。饲槽内坚决不能有发热发霉的饲料出现。

(4) TMR 剩余量的测定　每两次清槽,剩余的料脚按照所投喂群舍,每天称重,以确定是否投料合理。根据实际情况一般认为保证在 3% ~ 5% 的剩余为佳,所剩料脚只能喂给后备牛群,根据所剩数量,顶替部分精饲料、部分干草和部分青贮。

(5) 合理的槽位采饲空间　有颈枷的按槽位分群采食,没有颈枷的牛舍,每头奶牛的采食槽位不应低于 75 厘米。

5. 使用 TMR 的注意事项

第一,有些牛群在一段时间内会出现剩料过多或过少现象,不能走捷径只增加或减少其中的某一原料,而应按比例同时增加或减少每种原料,以每群牛的头份增加或减少计算用量,才能确保营养均衡。

第二,TMR 搅拌均匀度:TMR 过细,导致乳脂率降低、前胃弛缓、腹泻、酸中毒、蹄叶炎等疾病易发;反之,搅混时间过短,导致粗饲料过长、精、粗分离、牛偏食,易患瘤胃积食、四胃变胃等疾病。

第三,牛群用餐单的设定量与 TMR 的实际添加量和牛群的食入量,三者须统一,才能使奶牛食入的每一口日粮均衡合理。通过上述方法使用全混合日粮,发挥了现代设备与科学技术的最佳优势。从而使奶牛无选择性地采食配方所确定的饲料成分,有效保证奶牛对蛋白质和能量的需求,合理均衡的干物质采食,减少了新陈代谢疾病的发生(酮病、脂肪肝、瘤胃变位、前胃弛缓等),奶牛的体质也有很大的改进,奶产量大幅度提高。

　　TMR 的制作饲喂见图 4 - 10 至图 4 - 13。

图 4 - 10　采料

图 4 - 11　混合

图 4 - 12　运输

图 4 - 13　饲喂

第五章 标准化饲养管理

犊牛出生后,应在 30 分内喂给初乳,最迟不宜超过 1 小时,并根据初生犊牛的体重和健康状况,确定初乳喂量。育成牛在骨骼和体形上,主要向宽、深方面发展,体重增加较快,7～12 月龄是增长速度最快阶段。如前期生长受阻,在这一阶段加强调养,可以得到部分补偿。对泌奶牛的饲养管理,通常要求泌乳曲线在高峰期比较平稳,下降较慢,保证母牛具有良好的体况和正常繁殖功能。围产期奶牛的饲养管理,对于母牛的健康和产奶能力,有着重要影响。管理不善不仅会降低干奶期恢复饲养的效果,也会成为母牛多病的根源,此期的饲养管理必须特别重视。

第一节　犊牛的饲养管理

一、犊牛的饲养

犊牛出生后,应在 30 分内喂给初乳(图 5 – 1),最迟不宜超过 1 小时,并根据初生犊牛的体重和健康状况确定初乳喂量。原则上首次喂量要大,至少应饲喂 2 千克,并在出生后 6 小时左右饲喂第二次,以便让犊牛在出生后 12 小时内获得足够的母源抗体。出生的当天(即出生后 24 小时内)要饲喂 3 ~ 4 次初乳,以后每天饲喂 2 次,连续饲喂 4 天,第五天以后犊牛可以逐渐转喂常乳。

图 5 – 1　喂初乳

挤出的初乳应立即饲喂犊牛,如奶温下降,需经水浴加热至38 ~ 39℃再喂给犊牛。饲喂过凉的初乳是造成犊牛腹泻的重要原因;但若奶温过高,犊牛会发生拒食,甚至可引起口炎、胃肠炎等疾病。初乳切勿用明火直接加热,以免乳温过高发生凝固。在每次哺喂初乳1 ~ 2 小时之后,应让犊牛饮用温开水(35 ~ 38℃)1 次。

1. 初乳的饲喂和保存

饲喂犊牛后剩余的初乳可进行冷冻保存,初乳中的抗体在低温下可较长时间地保持活性,这也是保证奶牛场随时获得高品质初乳的有效措施。

近年来,国内外广泛推广发酵初乳替代全乳饲喂犊牛,其制作方法可分为自然发酵和定向发酵两种。

（1）自然发酵　把剩余的新鲜初乳过滤后倒入消毒后的塑料桶内，盖上桶盖，放在室内阴凉处任其自然发酵。注意初乳不要超过桶容积的 2/3。为了防止乳脂与乳清分离，每天应搅拌 1 次。

（2）定向发酵　新鲜初乳过滤后水浴加热至 70 ~ 80℃，持续 5 ~ 10 分后停止加热，待其冷却至 40℃左右时，倒入消毒后的塑料桶内，按 5% ~ 7% 的比例加入发酵剂，搅拌均匀后及时盖上盖，以后每天搅拌 1 次。

发酵最适宜的温度为 10 ~ 12℃。温度过高初乳易酸败，温度过低初乳不易搅匀，甚至发生凝冻。当夏季气温达 32℃时，为了防止腐败菌的繁殖，可加入 0.3% 甲酸或 0.7% 醋酸，也可使用 1% 丙酸，将初乳酸碱度调至 4.6。发酵好的初乳均匀稠密，呈豆腐脑状，色微黄，有乳酸香味，没有乳清析出（自然发酵可允许有少量乳清析出）。

发酵初乳在饲喂前应先搅拌均匀，然后取出需要量加入 80℃左右的热水，将奶温调至 38℃再进行饲喂，注意乳水比例一般为（2 ~ 3）:1。个别犊牛在第一次喂给发酵初乳时，可能会产生不适应现象，为使其尽快适应，可在发酵初乳中掺入一些鲜奶或 0.5% 碳酸氢钠，以改善适口性。

制作发酵初乳时，挤奶要卫生，尽量避免一切可能的污染；含有抗生素的初乳不能用于制作发酵初乳，因为抗生素会干扰发酵过程；发酵初乳的保存时间一般为 2 ~ 3 周，气温高时，保存时间更短，宜在 1 ~ 2 周内喂完。有异味或变质的发酵初乳应禁止饲喂犊牛。

哺喂初乳可采用装有橡胶奶嘴的奶壶或奶桶。由于犊牛有抬头伸颈吮吸母牛乳头的本能，因此以吊挂奶壶哺喂犊牛较为适宜。喂奶设备每次使用后应清洗干净，以最大限度降低细菌的生长，避免疾病的传播。

2. 犊牛补饲和早期断奶

一般全期哺乳量应约为 300 千克，哺乳期 2 个月左右。过多的哺乳量和过长的哺乳期会对消化系统发育不利。比较先进的奶牛场，哺乳期为 35 ~ 45 天，哺乳量在 200 千克左右。精心调养，在断奶前调整好采食精饲料的能力，并在断奶后注意精饲料和青粗饲料的数量和品质，犊牛在早期受滞的体重可在后期得到补偿，不影响其配种、繁殖以及投产后的产奶性能。

（1）犊牛的补饲　犊牛出生后 1 周即可训练其采食精饲料，可用大麦、豆饼等磨成细粉，并加入少量食盐拌匀。每天每头 15 ~ 25 克，用开水冲成糊粥，混入牛奶中饲喂，以后逐渐加量。10 天左右后可训练其采食青干草。

（2）犊牛的早期断奶　应用科学的早期断奶方案，使犊牛哺乳期缩短为

3～5 周,全乳饲喂量控制在 100 千克以内(甚至减少到 20 千克),是完全可以办到的。犊牛早期断奶的关键技术如下:

1)人工乳的配制 人工乳(图 5 - 2)是以乳业副产品为主要原料生产的商品饲料。一般配制方法是将一定比例的动物脂肪、植物油、磷脂类、糖类、维生素和矿物质等加入脱脂奶粉中配成与全乳营养成分相似,能被犊牛消化利用的人工乳。其主要营养指标是:粗蛋白质含量不低于 20%,脂肪含量不低于 10%,粗纤维含量低于 5%,并含有丰富的维生素和矿物质。利用脱脂奶粉提供乳蛋白成本较高,来源短缺。因此,经过研究,用大豆蛋白代替乳蛋白,取得了满意的效果。具体方法是将大豆粉经过 0.05% 氢氧化钠溶液处理后,在 37℃下放置 7 小时,然后用盐酸中和至中性,再同其他原料混合,经巴氏灭菌后冷却至 35℃,按犊牛体重的 10% 喂给。

2)代乳料的配制 代乳料是根据犊牛营养需要以精饲料为原料配制而成,也称犊牛开食料。它具有适口性强、易消化和营养丰富的特点。代乳料通常为粉状,也可制成粒状,但粒不宜过大,一般以直径 0.32 厘米为宜。主要成分有豆饼、亚麻饼、玉米、高粱、燕麦、鱼粉、蜂蜜、苜蓿干粉、维生素 A、矿物质等。

图 5 - 2　犊牛饲喂人工乳

1.哺乳卫生

犊牛进行人工喂养时,要做到"四定",即定时、定量、定温、定人。要切实注意哺乳用具的卫生,每次用后,要及时洗净消毒,妥善放置。饲槽用后也要刷洗干净,定期消毒。每次喂奶完毕,要使用干净毛巾将犊牛口、鼻周围残留的乳汁擦干,防止犊牛互舔而养成"舔癖"。

2.栏舍卫生

犊牛出生后应及时放入消毒好的育犊舍内,隔离管理。之后可转到犊牛栏中,集中管理(图5-3)。牛栏和牛床均要保持清洁干燥,铺上垫草,并做到勤打扫、勤更换垫草。牛栏地面、围栏、墙壁等都应保持清洁,定期消毒。舍内要有适当的通风装置,保持舍内阳光充足,通风良好,空气新鲜,冬暖夏凉。切忌将犊牛放入冷、湿、脏和忽冷忽热的牛舍中饲养。

图5-3 犊牛的栏舍卫生

3.运动

犊牛出生1周后,根据天气状况可放入运动场中自由活动,以后随日龄增加运动时间,一般每天不少于4小时。保证犊牛充足的运动时间,对促进其生长发育非常有利。

4. 刷拭

刷拭可保持牛体清洁,促进血液循环,又可调教犊牛。因此,每天应刷拭犊牛 1~2 次。刷拭时要用软刷,手法要轻,使牛有舒适感。

5. 保健护理

平时应注意观察犊牛的精神状态、食欲、粪便、体温和行为有无异常。犊牛发生轻微腹泻时,应减少喂奶量,并在奶中加 1~2 倍的水,可用碳酸氢钠、氯化钠、氯化钾、硫酸镁按 1:2:6:2 的比例进行治疗。腹泻严重时应暂停喂奶 1~2 次,同时饮用温开水,并口服诺氟沙星 2.5 克、乳酶片 2 克、酵母片 5 克,每天 3 次,连用 3~5 天。

6. 分群管理

每月测体重 1 次,大规模饲养时,作为后备奶牛的母犊牛出生后应及时编号,这是建立奶牛档案的基础。满 6 月龄时测体尺、体重,转入育成群饲养。

第二节　育成牛的饲养管理

一、育成牛的饲养

通常将 7 月龄至初次配种称为育成牛阶段(图 5-4)。7 月龄以后的育成牛在骨骼和体形上,主要向宽、深方面发展,体重增加较快。7~12 月龄是增长强度最快阶段,生产实践中必须利用好这一特点。如前期生长受阻,在这一阶段加强调养,可以得到部分补偿。

图 5-4　育成牛

7～12月龄的育成牛瘤胃容量大增,利用青粗饲料能力明显提高。此时短骨和扁平骨发育最快、变化最大。此阶段还是母牛性成熟期,在此期间,母牛的性器官和第二性征发育很快,体躯向高度和长度两个方向急剧生长。若这一阶段体格发育不好,成年时多数表现为"短身牛",对生产性能产生不利影响,因此必须保证满足其营养需要。日粮必须以优质青粗饲料为主,每天青粗饲料的采食量可达体重的6%～8%,占日粮总能量的65%～75%;还必须补充一些混合精饲料,精饲料比例占饲料干物质总量的30%～40%。每头每天喂精饲料2～2.5千克,青贮饲料10～15千克,干草2～2.5千克。日粮营养需要干物质5～7.0千克、粗蛋白质600～650克、钙30～32克及磷20～22克。要控制日增重,日增重不能超过0.9千克,发育正常时12月龄体重可达280～300千克。防止过度营养使青年牛过肥。过度采食或过肥对未来泌乳系统和繁殖不利。一般情况下9～12月龄的育成牛,体重达到250千克、体长113厘米以上时可出现首次发情。

育成牛满1周岁后,扁平骨长势最快。12月龄以后为促进乳腺和性器官的发育,为进一步促进其消化器官的生长,其日粮应以青粗饲料为主,其比例约占日粮干物质总量的75%,其余25%为混合精饲料,以补充能量和蛋白质的不足,每头每天喂精饲料3～3.5千克,青贮饲料15～20千克,干草2.5～3.0千克,日粮营养需要热能单位13～15、干物质6.0～7.0千克,体重应达400千克。

13～14月龄的育成牛正是进入体成熟的时期,生殖器官和卵巢的内分泌功能更趋健全,发育正常者体重可达成年牛的70%～75%。这一阶段要保持营养适中,不能过于丰富也不能营养不良,过肥、过瘦均有不利影响。这时仍应采用以饲喂优质干草、青贮饲料和块根饲料为主,适当补充精饲料的饲养方案。

育成牛日粮中必须经常供应食盐和各种矿物质饲料,可混入精饲料中喂给,也可单独添加令其自由选食。各种矿物元素要满足生长发育的需要,钙、磷比例以(1.5～2):1为宜。7～18月龄育成牛的平均日增重应在700克以上。

7～18月龄育成牛混合料配方举例:①玉米45%,麸皮26%,大豆饼3%,棉仁饼2%,磷酸钙15%,食盐8%,小苏打1%。②玉米47%,豆饼13%,葵花子饼8%,棉仁饼7%,麸皮22%,碳酸钙、食盐、磷酸钙各1%。

育成牛阶段饲养的特点是采用大量青饲料、青贮饲料和干草,营养不够时补喂一定量精饲料。一般日喂精饲料量为 1.5~3 千克。

育成牛阶段,要注意调教和驯养,使其温驯无恶癖。达到按摩其任何部位不害怕,不反感,不躲避。每天至少应刷拭和按摩乳房一次,以促进体躯和乳腺的生长发育。

18~24 月龄母牛已配种受胎,生长强度逐渐减缓,体躯显著向宽、深方向发展。若营养过剩,在体内容易蓄积过多脂肪,导致牛体过肥,造成不孕;但若营养缺乏,又会导致牛体生长发育受阻,成为体躯狭浅、四肢细高、产奶量不高的母牛。怀孕的最后 4 个月,营养需要明显增加,应按奶牛饲养标准进行饲养。饲料喂量不可过量,保持中等体况,体重保持在 500~520 千克,防止过肥导致难产或其他疾病。从初孕开始,饲料喂量不能过多,以粗饲料为主,妊娠初期视牛膘情日补精饲料 1~1.5 千克。怀孕 5 个月后日补精饲料 2~3 千克,青贮饲料 15.2 千克,干草 2.5~3.0 千克。日粮营养要求:单位热能 18~20 千焦,干物质 7~9 千克,粗蛋白质 750~850 克,钙 45~47 克,磷 32~34 克。分娩前 30 天,可在饲养标准的基础上适当增加精饲料,但饲喂量不得超过怀孕母牛体重的 1%。日粮中应注意增加维生素、钙、磷等矿物质含量(钙 35~38 克,磷 24~25 克),粗蛋白质 640~720 克。

二、育成牛的管理

此阶段育成牛生长迅速、抵抗力强、发病率低,容易管理。在生产实践中,如果疏忽这个时期的饲养管理,将导致育成牛生长发育受阻,延迟发情和配种,成年时泌乳遗传潜力得不到充分发挥,给生产造成巨大的经济损失。具体管理措施如下:

1. 定期称重测量体尺,调整日粮组成

根据此阶段的生长发育特点,应适当控制能量饲料喂量,以免大量的脂肪沉积于乳房,影响乳腺组织的发育,消除抑制生产潜力发挥的因素;确保 13~15 月龄时体重达到 350 千克,以达到配种的体重、体高。体重和体高与产奶量有很强的正相关,尤其是第一胎,体重与体高之间的关系可用来判断日粮是否平衡,体重增加与体高增加不相符可能是日粮蛋白过低所致,理想的日增重即 0.7~0.9 千克/天,理想的体高(骨骼发育)即 3 厘米/月。每月定期进行体尺测量,根据这些指标来调整饲料的营养成分及精粗饲料的比例。

2. 分群

育成牛应根据月龄、体格和体重相近的原则进行分群。对于大型奶牛场，群内的月龄差不宜超过 3 个月，体重差不宜超过 50 千克；对于小型奶牛场，群内月龄差不宜超过 5 个月，体重差不宜超过 100 千克。每群数量越少越好，最好为 20 ~ 30 头。严格防止因采食不均造成发育不整齐。根据体况分级及时调整，吃不饱的体弱牛向更小的年龄群调动；相反，过强的牛向大月龄群转移，过了 12 月龄的会逐渐地稳定下来。对于体弱、生长受阻的个体，要分开另养。

3. 掌握好初情期

育成牛的初情期大体上出现在 8 ~ 12 月龄前。初情期的表现不很规律，因此，对初情期的掌握很重要，要在计划配种的前 2 ~ 3 个月注意观察其发情规律，及时配种，并认真做好记录。

4. 运动与刷拭

在舍饲的饲养方式下，育成牛每天舍外运动不得低于 4 小时（图 5 - 5）。在 12 月龄之前生长发育快的时期更应运动，不然会影响牛的使用年限与产奶。日光浴，除促进维生素 D_3 的合成外，还可以促使体表皮污垢的自然脱落。育成牛一般让其自由运动即可。有条件放牧更好，每天坚持刷拭牛体（图 5 - 6）。

图 5 - 5　加强运动

图 5 - 6 自动刷拭机

5. 按摩乳房

为促进育成牛特别是妊娠后期育成牛乳腺组织的发育,应在给予良好的全价饲料的基础上,适时进行乳房按摩(图 5 -7)。对 6 ~ 18 月龄的育成母牛每天可按摩 1 次,18 月龄以后每天按摩 2 次。按摩可与刷体同时进行。每次按摩时要用热毛巾擦乳房,产前 1 ~ 2 个月停止按摩。但在此期间,切忌用力擦拭乳头,以免擦去乳头周围的异状保护物,引起乳头龟裂或因病原菌从乳头孔处侵入,导致乳腺炎发生。

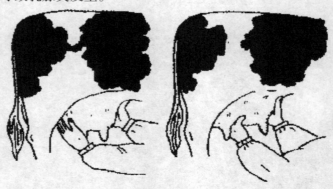

图 5 -7 按摩乳房

总之,育成牛虽说较易管理,但不可忽视,管理的好坏直接影响此时期牛的发情排卵。只有在遵循以上原则的基础上,注重圈舍、运动场地干净清洁,创造适宜环境温度,保证奶牛有足够的活动空间;且牛舍内及运动场地要定时、定人进行消毒,一个月要进行一次消毒药物的更换,一般选用 3~4 种不同类型的消毒药液周期性轮换使用;运动场要设置凉棚和饮水槽,牛才能更好生长发育,为将来高产奠定基础。

第三节 泌乳牛的饲养管理

一、泌乳牛各阶段的营养需要

在奶牛对营养物质的消化和利用过程中,食入总能量的 30%~32% 由粪能形式损失,体增热又消耗总能的 30% 左右,只剩下约 40% 净能用于生长与生产(其中约有 1/3 用于维持生长需要,其余的才用于生产)。

泌乳盛期奶牛饲料中应含有足够的粗纤维,最好包括棉籽、大豆等油脂含量高的籽实或动物脂肪。这个时期奶牛日粮中粗蛋白质应占 16%~18%,钙 0.7%,磷 0.45%。为避免乳脂率下降,粗纤维应不低于 17%(占日粮干物质)。一般体重 600 千克、日产奶量 40 千克的泌乳母牛,每天的饲料组成为精饲料 12 千克、青贮饲料 25 千克、干草 4 千克、多汁饲料 5 千克。

高产奶牛要吃足饲料,每天至少需要有 8 小时的采食时间。目前,在每天挤奶 3 次的情况下,奶牛采食时间一般不够,所以对泌乳盛期的奶牛应延长饲喂时间和增加饲喂次数。泌乳中期母牛产奶量开始逐渐下降,下降幅度一般为 6%~8%。同时,母牛妊娠后营养需要较以前有所减少,应抓住这个特点,让其多吃干草,适当补充精饲料,使产奶量和乳脂率维持在较高水平。泌乳中期日粮的精粗比可控制在 40:60 或 45:55。

泌乳后期母牛产奶量已大幅度下降,此时较易饲养,应利用这阶段加紧恢复奶牛体况,此时期还有产奶潜力可挖,因而奶牛不可养得过肥。

泌乳牛的推荐日粮配方见表 5-1。

表 5-1 泌乳牛的推荐日粮配方

饲料	给量(千克)	占日粮(%)	占精饲料(%)
豆饼	1.6	4.5	16.2
植物蛋白粉	1	2.8	10.1
玉米粉	4.8	13.6	48.5
小麦麸	2.5	7.1	25.2

饲料	给量(千克)	占日粮(%)	占精饲料(%)
谷草	2	5.6	—
苜蓿青干草	2	5.6	—
青贮饲料	18	51	—
胡萝卜	3	8.5	—
食盐	0.1	0.35	—
磷酸钙	0.3	0.95	—
合计	35.3	100	—

二、产奶量的变化规律

母牛分娩后在甲状腺素、促乳素和生长激素的作用下开始泌乳,直到干奶期(大致 305 天)。一般产后产奶量逐渐增加,在 6~8 周时达到泌乳高峰,维持一定时间后开始下降到产后 200 天左右;此后,由于妊娠的影响,产奶量进一步下降,直到干奶或停止泌乳。

牛的平均产奶变化情况,并非每头个体牛均为平滑曲线。个体牛在泌乳期内,受到很多因素的影响,其产奶量的变化会呈曲线形,主要决定因素为最高日产奶量和泌乳持续性。

三、成年泌乳牛阶段饲养法

对泌乳牛的饲养管理,通常要求泌乳曲线在高峰期比较平稳,下降较慢,保证母牛具有良好的体况和正常繁殖功能。成年奶牛阶段饲养法即是依据奶牛不同的生理阶段采用不同的饲养方法。

1. 围产后期

围产后期也称产房期,是指母牛分娩至产后 15 天,为母牛身体的恢复期。此时奶牛的生理特点是气血亏损,消化功能弱,抗病能力差,生殖器官处于恢复阶段,乳腺活动功能旺盛,乳房有水肿状。所以必须加强饲养管理,助其恢复体质,使子宫复原和乳房消肿,防止产后瘫痪和其他疾病发生。因此,应增加其采食量,防止过度减重。要供应优质的粗饲料和精饲料,在产后 6~15 天,每天加精饲料约 0.5 千克,以提高日粮营养水平。此期精饲料按每 100 千克体重供给 1 千克为宜,日粮中粗饲料与精饲料之比按干物质计为

54 ：46。

产后 0.5 ~ 1 小时便可挤奶。前几天内每天挤奶 4 ~ 5 次,每次不要将乳汁全部挤净,目的是增加乳房内压,减少乳的形成和血钙下降,防止瘫痪症。为尽快消除乳房水肿,每次挤奶时坚持用 50 ~ 60℃ 温水洗擦乳房和热敷,并认真进行 15 ~ 30 分的乳房按摩。乳房水肿消除后,在正常泌乳状态下可每天挤奶 2 ~ 3 次。

在饲养上,要注意观察母牛的食欲、乳房和粪便状态。饲喂的准则是既要尽量多喂粗饲料维持奶牛的食欲和健康,又要及时补给精饲料,为夺取高产创造条件。加料要积极稳妥,密切注意母牛的消化功能。产奶量高、食欲旺盛、生产潜力大的多加,反之则少加。

母牛产后 1 周内应充分供给温水(36 ~ 38℃),不宜饮冷水,以免引起肠炎等疾病。

2. 泌乳盛期

泌乳盛期指母牛产后 16 ~ 100 天,是迅速达到产奶高峰的时期,又称升乳期。此阶段的生理特点是体质基本恢复,乳房水肿消失,乳腺功能和循环系统功能正常,体质恢复。代谢强度增强,加上一些泌乳激素的作用,乳腺活动功能旺盛,产奶量不断上升。这一阶段进行科学饲养管理能使母牛产奶高峰持续时间更长,更好地发挥产奶潜力。

此期可分为升乳初期和产奶高峰期。前者是从产后 15 天至泌乳高峰期前,此期要最大限度地增加采食量,提高日粮营养浓度和干物质水平;而在产奶高峰期,母牛出现最高采食水平,体重趋于稳定,为保证较长时间的高产奶量,能量的喂给应稍高于需要量。

泌乳盛期能量与氮的代谢易出现负平衡,尤其是在产奶高峰期更易出现,如仅仅依靠体内蓄积的营养来满足产奶需要,由于大量产奶体重下降,泌乳盛期过后往往出现产奶量突然下降,不仅影响产奶还拖延配种时间,易出现屡配不孕和酮血病。

泌乳盛期可按以下方法饲喂奶牛:

(1)引导饲养法　这种方法是在一定时期内采用高能量、高蛋白日粮喂牛,以促进大量产奶,引导泌奶牛尽快进入泌乳盛期。具体方法是:从母牛干奶期最后 2 周开始,每头牛每天喂给 1.8 千克精饲料,以后每天增喂 0.45 千克,直到每 100 千克体重吃到 1 ~ 1.5 千克精饲料为止,不再增加精饲料喂量(如 500 千克体重的牛,每天精饲料最多吃到 5.5 ~ 8 千克,在 14 天内共喂料

60～70千克）。母牛产犊5天后开始，继续按每天0.45千克加料，直至产奶高峰期达到自由采食量，产奶高峰期后再按产奶量、乳脂率和体重调整精饲料喂给量。

（2）短期优饲法　是在泌乳盛期增加营养供给量，以促进母牛产奶能力的提高。具体方法是：在母牛分娩15～20天后开始，根据产奶量，除标准满足维持需要和产奶实际需要外，再多喂给1～1.5千克混合精饲料作为提高产奶量的预付饲料，加料后如母牛产奶量继续提高，食欲、消化良好，则隔1周再调整1次。

在整个泌乳盛期，精饲料的给量随产奶量的增加而增加，直至产奶量不再增加为止，日粮组成按干物质计算，粗饲料最大给量可达到60%。以后随着产奶量下降，而逐渐降低饲料标准，改变日粮结构，减少精饲料比例，增喂多汁饲料和青干草，使母牛泌乳量平稳下降，这样在整个泌乳期可获得较高的产奶量。此法适用于一般产奶量的奶牛。

在泌乳盛期为了使母牛吃足饲料，应延长采食时间，增加饲喂次数，还要按摩乳房，供给充足的饮水，经常保持牛舍清洁卫生。应观察牛的消化功能和乳房情况是否正常，认真做到合理投料，防止发生乳腺炎和肠道疾病。

奶牛产犊40～50天后，其生殖道基本康复、净化，随之出现产后第一次发情。此时要详细做好发情情况的记录工作，在随后的1～2个发情周期，即可抓紧配种。产后60天尚未发情的奶牛，应及时进行健康、营养和生殖道系统的检查，发现问题，尽早采取治疗措施。

3. 泌乳中期

泌乳中期是指产后101～210天，此期产奶量逐渐平稳下降。产奶高峰期过后，每天产奶量开始渐降，每月下降奶量为上月奶量的4%～6%，中低产奶牛下降可达9%～10%。此期饲料中应有充足的青干草与青贮饲料，产奶高峰期以后每天精饲料喂量可按牛的体重和产奶量进行调整。泌乳中期精饲料给量标准为每天每头6～7千克。体重减轻过多的，可多喂一些。精饲料喂量每隔10天可调整1次。

泌乳中期是奶牛食欲最旺盛的时期，干物质摄入量可达体重的3.5%左右，所以要利用这个时机让牛多吃料，使泌乳曲线保持平稳下降。同时，也可防止体重持续下降。

为了减慢产奶量下降速度，饲料要多样化，保证全价营养并适口。适当增强运动，保证充分饮水，并保证正确的挤奶方法和进行正常的乳房按摩。

4. 泌乳后期

泌乳后期是指分娩后 211 天至停奶,是产奶量下降的时期。为能提高全泌乳期总产奶量,不要提早停奶,一般于产前 2 个月停奶即可。泌乳后期是饲料转化体脂效率最高的时期。

泌乳后期产奶量渐少,应将其与早期高产牛分群,以便于饲养。否则,同槽饲养,低产牛分吃高产牛饲料,会影响高产牛产奶量。

四、产后泌乳期内食欲的恢复

奶牛在妊娠后期,胎儿增重迅速,胎儿在子宫内压迫胃肠,造成产后食欲不振。一般奶牛在产后 10～12 周才能达到干物质采食量的高峰期,持续一段时间后,随妊娠进程又逐渐下降。这样干物质采食量的高峰期晚于产奶量高峰期 1 个月左右,奶牛会在泌乳初期出现营养负平衡,使体重下降,影响奶牛体况和配种。尤其是高产奶牛,这种矛盾越大,受到的影响越大。只有保证奶牛充足的干物质采食量才能获得高的产奶量,尤其是在泌乳前期,应尽量增加其采食量和饲料营养成分的浓度。

第四节　干奶牛的饲养管理

泌奶牛从一个泌乳期至下胎产犊前有一段时间(妊娠后期至产犊前 15 天)停止产奶,即两个泌乳期之间不分泌乳汁的时间,称为干奶期。干奶期平均为 60 天,一般持续在 45～75 天。干奶是母牛饲养管理过程中的一个重要环节,其效果的好坏、时间的长短以及干奶期的饲养管理,对胎儿的发育、母子的健康以及下一个泌乳期的产奶量有着重要影响。

一、干奶期的长短

正常情况下干奶期以 60 天为宜,过早干奶,会减少母牛的产奶量,对生产不利;而干奶太晚,则使胎儿发育受到影响,也影响初乳的品质。

初胎牛、早配牛、体弱牛、老年牛、高产牛(产奶量 6 000～7 000 千克)以及饲养条件差的牛,需要较长时间的干奶期,一般为 60～75 天。体质健壮、产奶量较低、营养状况较好的牛,干奶期可缩短为 30～35 天。如奶牛发生早产或死胎的情况,同样会降低下一泌乳期的产奶量。早产时的泌乳量仅仅是正常顺产泌乳量的 80%。

二、干奶的方法

干奶的方法一般可分为逐渐干奶法、快速干奶法、一次快速干奶法（骤然干奶法）。

1. 逐渐干奶法

逐渐干奶法是指用 1～2 周的时间将泌乳活动中止的方法。在预定干奶前 10～20 天开始改变饲料组成，逐渐减少精饲料和多汁饲料的饲喂量。增加青干草喂量，控制饮水量，停止乳房按摩。减少挤奶次数，采取隔班、隔天挤奶，人为降低牛奶的分泌量，由正常每天 3 次挤奶改为 2 次再降至 1 次，由原来的每天挤奶改为隔 1 天、2 天、3 天至 5 天。每次挤奶必须完全挤净，当产奶量降至 4～5 千克时，停止挤奶，这样母牛就会逐渐干奶。此种方法适用于高产奶牛或过去干奶困难以及患过乳腺炎的母牛。

2. 快速干奶法

快速干奶法是指从进行干奶日起，在 4～6 天内使泌乳停止的方法。开始干奶的前 1 天，将日粮中全部多汁饲料和精饲料减去，只喂青干草。控制饮水，每天只饮 2～3 次。停止乳房按摩，减少挤奶次数。进行干奶的第一天先挤 2 次，以后每天挤 1 次或隔天挤 1 次，第六天挤奶后停止挤奶。在第六天最后一次挤奶时，应充分按摩乳房，彻底挤净乳汁。然后每个乳头用 5% 的碘酊浸泡 1 次，进行彻底消毒。此种方法适用于低产或中产奶牛。

3. 一次快速干奶法

在干奶前的最后一次挤奶时，加强乳房按摩，彻底挤干乳汁。然后每个乳头用碘酊浸泡 1 次，进行彻底消毒，并用通乳针向每个乳头注入抗生素油 10 毫升或停奶针剂 1 支。配制抗生素油的方法：取青霉素 40 万国际单位、链霉素 100 万国际单位、磺胺粉 2 克，混入 40 毫升灭菌植物油（花生油、豆油）中，充分混匀后即可使用。

三、干奶牛的饲养

母牛干奶期的饲养任务是：保证胎儿正常发育；保持母牛最佳的体况，储备必要的营养物质，在干奶期间使其体重增加 50～80 千克，为提高下一个泌乳期的产奶量创造条件；通过对干奶期以及围产期奶牛的正确饲养，尽可能控制和避免乳热症、皱胃移位、胎衣滞留和酮病等的发生。

1. 干奶牛的日粮要求

精饲料每天每头 3 ~ 4 千克,青绿饲料、青贮饲料每天每头 10 ~ 15 千克,优质青干草每天每头 3 ~ 5 千克,糟渣类、多汁类饲料每天每头不超过 5 千克。

2. 干奶牛的饲养原则

(1)干奶前期的饲养原则　正常情况下干奶期为 60 天,前 45 天为干奶前期。此期的饲养原则是在满足母牛营养需要的前提下,尽快干奶,使乳房恢复松软正常。保持中等营养状况,被毛光亮,不肥不瘦。

干奶 5 ~ 7 天后,乳房还没变软,每天给予的饲料可和干奶过程中饲喂的饲料一样;干奶 1 周以后,乳房内乳汁被吸收,乳房变软,且已逐渐萎缩时,就要逐渐增喂精饲料和多汁饲料;再经 5 ~ 7 天要达到干奶母牛的饲养标准,既要照顾到营养价值的全面性,又不能把牛喂得过肥,达到中上等体况即可。因此,一方面要给予适当的运动,另一方面要加强卫生管理和注意乳房变化。

(2)干奶后期的饲养原则　从预产期前 15 天至进入产房之间的时期为干奶后期,也称围产前期,其饲养原则见围产期奶牛的饲养管理。

3. 干奶期的管理

(1)要做好保胎工作　防止流产、难产和胎衣滞留。为此,要保证饲料新鲜,品质优良,绝对不能饲喂冰冻的块根饲料、腐败霉烂的饲料和有毒饲料。冬季要饮温水,水温不得低于 10℃。

(2)坚持适当运动　但必须与其他牛群分开,以免互相顶撞造成流产。冬季在舍外运动场做追逐运动 2 ~ 3 小时,产前停止活动。

(3)按摩乳房,促进乳腺发育　一般干奶 10 天后开始按摩,每天 1 次。产前出现乳房水肿的牛要停止按摩。

(4)在围产前期,要根据预产期做好产房的清洗消毒和产前的准备工作　分娩牛提前 15 天进入产房,临产前 1 ~ 6 小时进入产间。产房要昼夜设专人值班。

另外,加强牛体刷拭,保持皮肤清洁。

四、干奶期注意事项

无论用何种方法进行干奶,在干奶后的 3 ~ 4 天,母牛的乳房都会因积聚乳汁较多而膨胀,所以在此期间不要触摸奶牛乳房,也不要进行挤奶。要控制多汁饲料和精饲料的给量,减少饮水量,密切注意乳房的变化和母牛的表现。正常情况下,乳房内积聚的乳汁在几天后可自行被吸收使乳房萎缩。这时应逐渐增加精饲料量和饮水量,保证营养需要。如果乳房中乳汁积聚过多,乳房过于胀满,出现硬块或红、肿、热、痛等炎症反应,说明干奶失败,应及时重新干奶。为防止产后乳腺炎的发生,干奶时可向乳房内注入抗生素等药物。

第五节　围产期奶牛的饲养管理

围产期是指从分娩前 15 天至分娩后 15 天的时期,分娩前 15 天称围产前期,分娩后 15 天称围产后期。围产期奶牛的饲养管理,对于母牛的健康和产奶能力,有着重要影响。管理不善不仅会降低干奶期恢复饲养的效果,也会成为母牛多病的根源。因此,此期的饲养管理必须特别重视。

一、围产前期的饲养管理

围产前期的饲养要注意以下几方面:一是防止产后酮病发生,可采取产前 8 天开始饲喂烟酸 4～8 克/头,每天 1 次内服;二是防止产后瘫痪,可采取产前 7 天开始用维生素 D_3 1 万国际单位,肌内注射,每天 1 次,也可采用低钙饲养法(即产犊前日粮钙、磷最适饲喂量每天每头为 50 克和 30 克,避免高钙日粮);三是为防止胎衣不下,可于产前 9 天开始,每天肌内注射黄体酮 100 毫克。

牛的胎儿发育主要在妊娠后期,因而在妊娠后期(特别是最后几周),应饲喂高质量的日粮,采用引导饲养法,以供应胎儿生长发育的需要,促进优质初乳的形成,并可减少酮病的发病率,维持体重并提高产奶量。产前 2～3 天,日粮中应加入小麦麸等轻泻性饲料,防止便秘。一般可按玉米 70%、麸皮 20%、大麦 7%、磷酸氢钙 1.5% 和食盐 1.5% 的比例配合精饲料。

母牛在分娩前 7～10 天转入产房,单独进行饲养管理。产房预先打扫干净,用 20% 石灰溶液或 5% 石炭酸溶液消毒,铺上干净而柔软的垫草。有传染病的母牛,应隔离在单独的产房内。母牛在进入产房前要进行细致的刷拭,刷净牛的四肢、尾部、乳房和臀部。产房门口要有消毒设备,以免将细菌带入产房。

母牛进入产房后,为了使牛习惯于产后多吃精饲料,可逐渐增加精饲料喂量。为了防止由于增加精饲料和多汁饲料喂量而使乳房膨胀,从而影响母牛产后健康和产奶量,可采用多温浴、多按摩、多挤奶的办法,这样可使乳房在产后 7～10 天恢复正常。

产房内应勤换垫草,此期间要坚持运动和刷拭。临产前母牛往往有食欲不振的情况,应注意日粮配合与饲料调制。临产前 2 ~ 3 天为了防止便秘,可加入小麦麸等轻泻性的饲料,以利于分娩。饲喂方法要灵活,设法改善饲料适口性,以提高饲料的利用率和消化率,满足母牛与胎儿对营养物质的需要。

饲养员要坚持岗位责任制,做到"二清楚",即牛号清楚和分娩日期清楚。对于接近预产期的母牛,要特别注意观察。如发现母牛有分娩症状,可用 0.1% ~ 0.2% 高锰酸钾溶液洗涤外阴部和臀部附近,并擦干,铺好垫草,将门窗关闭,以防贼风,给母牛一个舒适安静的环境。一般任其自然产出胎儿,必要时方可进行助产。

二、围产后期的饲养管理

母牛分娩后应立即驱起,以免流血过多,并将准备好的麸皮汤(20 ~ 30℃ 温水 15 ~ 20 升,食盐 150 ~ 200 克,小麦麸少许)给母牛饮用,可以使因分娩而突然降低血压及大量失水的母牛迅速恢复体力,并且有利于母牛排出胎衣。随后,换上干净垫草。为促使母牛排净恶露和产后子宫康复,还可饮喂益母草红糖水(益母草粉 250 克,加水 1 500 毫升,煎成水剂后,加红糖 1 千克搅匀,再加凉水 3 升,将药汁温度降至 40 ~ 50℃,每天 1 次,连用 2 ~ 3 天)。产后 0.5 ~ 1 小时内进行第一次挤奶,挤奶前先用温水清洗乳房四周,再用 0.1% ~ 0.2% 高锰酸钾溶液消毒乳头。产后 4 ~ 8 小时内胎衣可自行脱落,如 12 小时后胎衣仍未自行脱落,可采取兽医治疗措施。

母牛产后 2 天内以饲喂优质青干草为主,同时补喂易消化的精饲料(如玉米、小麦麸等),并适当增加钙在日粮中的水平(由产前占日粮干物质的 0.2% 增加至 0.6%)和食盐的含量。对产后 3 ~ 4 天的奶牛,如食欲良好、身体健康、粪便正常、乳房水肿消失,则可随其产奶量的增加,逐渐增加精饲料和青贮饲料喂量。

产后 1 周内的母牛,为避免引起胃肠炎,应坚持给其饮用温水,水温控制在 37 ~ 38℃,1 周后可降至常温。为了促进母牛食欲,应尽量多给饮水,但对乳房水肿严重的奶牛,饮水量应适当减少。

母牛产后,产奶量迅速增加,代谢旺盛。因此,常发生酮病和其他代谢疾病。此期间严禁过早催奶,以免引起体况的急剧下降,进而导致代谢失调。产后 15 天或更长一段时间内,饲养重点应以尽快促使母牛恢复健康为原则。在挤奶过程中,也一定要遵守操作规程,保持乳房卫生,以免诱发细菌感染而患乳腺炎。

母牛产后 12～14 天肌内注射促性腺激素释放激素,可有效预防产后卵巢囊肿,并使子宫提早康复。高产母牛产后 4～5 天不可将乳房中的乳汁挤干,每次挤奶时要充分按摩和热敷乳房(有时也可冷敷)10～20 分,以促进乳房水肿迅速消失。但对低产或乳房没有水肿的母牛,开始时就可挤干。

母牛产后由于钙量损失大,容易引起产后瘫痪,这种病在分娩后 3～5 天容易发生,如护理不好易造成死亡,特别是高产奶牛。此时应减少挤奶次数,静脉注射葡萄糖注射液和氯化钙注射液等。产后 24 小时,如天气情况良好,可让牛自由活动,以减少疾病的发生。母牛产后 10～20 天采食量少,除了勤添少喂外,还要做到"四观察"(即观察食欲、粪便、反刍、精神),一般产后如无异常情况,应及早将精饲料加足。

母牛产后,应每天或隔天用 1%～2% 来苏儿溶液洗刷其后躯,特别是阴门、尾根和臀部。要把恶露彻底洗净,防止感染发生子宫炎。母牛产后状况如正常,一般在 10～15 天后出产房。

第六节 高温季节奶牛的饲养管理

奶牛耐寒不耐热。荷斯坦牛最适宜的气温是 10～16℃,夏季的高温环境会引起奶牛生理机能发生一系列变化,产生热应激反应。

一、热应激对奶牛的影响

外界温度升高引起的热应激往往导致奶牛采食量下降,在热应激情况下,机体需动员各种机能克服不良反应,抑制排乳反射,导致产奶量下降。另外,奶牛发情受不同程度的季节因素影响,春、秋季配种受胎率最高,夏季最低。其后果还有:体重减轻,体况下降,奶产量和乳脂率同时下降,疾病增加,甚至死亡。生理代谢紊乱,给生产带来很大损失。

二、高温季节防暑措施

热应激的危害还与湿度、太阳辐射等有复杂的关系,所以在采取防暑措施时,应综合考虑多种因素。以下方法可供参考:

1. 首先满足奶牛营养需要

高温季节奶牛食欲不振,喜食精饲料,厌弃粗料。因此高温季节日粮要浓度高、体积小,尽量满足个体营养素的需要。可喂以粗饲料和精饲料的混合物,要少喂勤添,并在早晨和夜间凉爽时增加饲喂次数。增加优质粗饲料和适口性好、易消化的饲料(如苜蓿干草、胡萝卜、甜菜渣等),粗饲料长度以1～2厘米为宜。给予精饲料12%的钾剂,每天150～200克的碳酸氢钠。高温季节给予脂肪酸钙等过瘤胃脂肪和过瘤胃氨基酸,有防止牛乳乳脂率和固形物率下降的作用。

2. 缓解热应激的措施

第一,在闷热季节,应使奶牛处于阴凉和通风良好的地方,尽量减少直射日光及热反射的影响,防止日射病和热射病。牛舍窗户要打开,加大空气对流量;朝阳窗、门、运动场要遮阳。有条件可安装通风设备(如电风扇等),以降低温度。

第二,喷雾降温(图5-8)。外界气温超过34℃时,最好用凉水冲洗牛体,有条件可采用喷雾或淋浴。牛舍喷雾降温效果明显,但应喷射极小的细雾,以喷湿牛体而不凝成水滴流下为宜,同时强制换气而利用汽化热。

图5-8 喷雾降温

第三,在炎热的夏季,由于呼吸次数和排汗的增加,常常会引起矿物质不足,应增加钙、磷、镁、钠、钾等的饲喂量,钾可增加到日粮干物质的1.3%～1.5%,钠增为0.5%,镁增为0.3%。应保证饮水新鲜、清洁、卫生,水槽不能断水,最好饮用低温水(10℃以下)。

第四,可适当添加抗应激添加剂。主要有营养性添加剂,如核黄素、烟酸、泛酸、生物素、维生素 B_{12}、镁、钾、锌等;具有抗氧化作用的添加剂,如维生素 C、维生素 E、维生素 A 以及微量元素硒等;其他如有机铬制剂、异性酸、酵母、酵母培养物、瘤胃素等。电解质平衡缓冲剂包括瘤胃缓冲剂和调节体内电解质平衡的电解质,如小苏打可维持瘤胃正常的酸碱度。

第五,夏季饲料变质快,应注意每天清扫饲槽和饮水器,并适量喂些食盐;不喂霉变饲料,精饲料要现拌现喂,不可久放,以免引起食物中毒。另外,保持牛舍内外卫生,定期对舍内外用5%的来苏儿溶液喷洒以灭菌消毒,并填平污水坑,排除蚊蝇的产生和干扰。

第六,高温环境下奶牛发情诊断较困难,应早晚两次仔细观察。在凉爽时输精有助于提高受胎率。另外应人为调整产犊季节,尽量减少暑期产犊。产前补充硒－维生素 E 制剂,有助于生殖系统的健康和防治胎衣不下。

第六章　疫病标准化防控技术

规模奶牛场必须实施严格的安全措施,才能有效预防疾病的传入,并最大限度降低牛场内的病原微生物,从而提高牛场的整体健康水平,提高经济效益。采取各种措施减少新、旧病原体进入牛场以及避免这些病原体在牛场中持久存在是重中之重。

第一节　奶牛场生物安全控制与防疫技术

一、生物安全控制的重要性

近年来,我国不少地区奶牛场已采取了奶牛散栏饲养,实行挤奶台集中挤奶,并配以饲喂、清粪等作业机械化。但散栏饲养常常因缺少经验,管理不善,对牛病发生的原理、传播的途径和疾病防治的原则理解不深,导致多种流行性传染病的发生,最终使经济效益下降。因此,规模奶牛场必须实施严格的安全措施,减少新、旧病原体进入牛场,并且避免这些病原体在牛场中持久存在。生物安全,即指防止奶牛间传染性疾病、寄生虫和昆虫的传播。

牛场的选址和设计是牛病防治的关键因素之一,应符合奶牛标准化规模养殖生产技术规范的要求,牛场的粪污和污水处理设施应达到标准化生态养殖的要求,合理开发利用生态沼气能源。根据当地流行传染病的趋势设计常规的免疫程序,牛的分群和调群工作是重要环节。对初产母牛,干奶母牛,泌乳盛期、泌乳中后期以及不同阶段的生长发育母牛,应做到合理分群并及时调整。母牛分群前,须做好产奶量的测定、体况评定等基础工作。每群的大小应与牛舍结构、挤奶设备等相适应。日粮要保证营养需要,按不同阶段牛饲养标准的营养需要,合理配制日粮。饲喂时,一般实行每天 3 次,先粗后精,先干后湿,先喂后饮,要做到定时定量,少喂勤添,更换饲料时要采用逐渐过渡的方法,应经 10 天以上的过渡期,并保证充足的饮水。每年春、秋两季定期进行修蹄。

二、生物安全防治措施

1. 消毒

牛场大门、生产区入口应设车辆消毒池(图 6 - 1),池内加 5% 氢氧化钠溶液,水深保持 15 ~ 20 厘米;生产区门口应设更衣室、消毒室或淋浴室(图 6 - 2)。牛舍入口应设消毒池和消毒盆。牛舍每两周进行一次消毒,建立良好的隔离带,控制疾病的发生。

图6-1　牛场大门消毒池

图6-2　生产区门口消毒室

2.自繁自养

生产中实行自繁自养和全进全出饲养方式。避免不同品种、不同来源、不同年龄、不同免疫状态的牛混合饲养。

3.保持牛舍良好的饲养环境

一个适宜的环境可以充分发挥牛的生产潜力,提高饲料利用率。通风可保持空气清新,可大大降低疾病的发生率。同时,通风可使牛舍干燥,而干燥可大大减少牛腐蹄病的发生。

4. 规模化牛场要建立兽医实验室、隔离检疫牛舍

对新引进的牛要事先隔离 30～60 天,并经驻场兽医检疫,根据血清学检测其抗体水平,并制定合适的免疫程序。

5. 消灭老鼠和蚊蝇,设法控制野生动物和飞鸟

家养动物野生动物以及夏季的蚊蝇是将疾病传入场内的危险因素之一。因此,禁止狗、猫在场内四处走动并要尽可能消灭老鼠和昆虫。

6. 消毒清理

彻底消灭病原的死角,对牛舍清空后必须彻底清洗、消除、消灭病原的死角。

7. 加强预防

在饲养过程中还可在饲料中添加有效抗生素、维生素等,预防疾病的发生。

8. 设立病死动物的无害化处理场所

病死动物是病原体的主要载体,对病死动物进行严格的无害化处理,彻底根除带毒(菌)者。

9. 设备齐全

散栏饲养是高效率的现代化生产方式,奶牛场必须配备一系列机械设备,必须配套,才能发挥机械化生产的最高效率。这是散栏饲养成功的重要保证。国内有些奶牛场实行散栏饲养效果欠佳,这与机械设备不配套、性能不过关或不能长久坚持使用有一定关系。

10. 要加强日常的饲养管理

保持牛舍清洁卫生,定期打扫、定期消毒;不给牛饲喂发霉变质的饲料,饮水要清洁,冬季水中不能有冰;加强牛舍的保暖防寒,夏季一定要注意防暑防潮等;做好疾病防疫工作,牛舍周围保持安静,尽量减少应激。

11. 搞好免疫工作

根据当地牛病流行情况,制定符合本场实际的免疫程序,并按要求及时接种各种疫苗。所选用的疫苗应该来自正规厂家或经国家主管部门认可的疫苗,用前进行效果检测,并正确储存和使用。

总之,牛病是养牛生产中非常重要的限制因素,疾病的预防和控制比疾病的治疗重要得多。

第二节　奶牛常见疾病防控

一、常见普通病的综合防治措施

1. 食道梗塞

【病因】奶牛因食入较大块根类饲料(甘薯、胡萝卜、甜菜)堵塞食道而发病。

【症状】常突然发病,有时梗塞在颈部食道时可在左颈侧见到硬块。病牛咽下困难、流涎、瘤胃鼓胀。

【治疗】常采用:①掏取法,即将手伸入口腔,五指并拢,前伸取出梗塞物。此法要求胆大心细,同时仅对较浅部的梗塞有效。②胃管插入法,插管前先灌入加有20~30毫升3%普鲁卡因的植物油,这样可帮助推动梗塞物。③手术法。

2. 口炎

口炎为口腔黏膜层的炎症。

【病因】饲料粗硬,刺激性药物,机械损伤。

【症状】往往在采食有咀嚼障碍、流涎时才被发现。口腔温度高,黏膜呈斑纹状充血、肿胀。此外,在牛场内一旦有口腔黏膜溃烂、流涎出现时,应重视对口蹄疫的鉴定。

【治疗】首先应查明原因,及时去除病因。病牛给予优质饲料,同时进行药物治疗:用2%硼酸液或0.1%高锰酸钾液或2%明矾液冲洗口腔;口腔内撒布收敛、消毒、杀菌药,如西瓜霜、明雄散;口腔内涂碘甘油;全身体温升高者,用抗生素治疗。

3. 瘤胃臌气

瘤胃臌气指瘤胃内短期聚集大量气体,母牛又不能嗳气的疾病。

【病因】大量摄入易发酵的饲料,如苜蓿、山芋秧或春天首次吃大量肥嫩多汁的青草;饲喂发霉、变质的潮湿饲料;误食某些毒草;继发于食道梗塞、创伤性网胃炎、腹膜炎、产后瘫痪、前胃弛缓、肠梗阻等。

【症状】急性瘤胃因气发病急,腹围鼓胀,按之有弹性,叩之有鼓音,瘤胃蠕动消失,食欲废绝,严重时呼吸困难,可听到"吭吭"声。心悸亢进、静脉怒张,结合膜发绀。

【治疗】治疗原则是迅速排气、制止发酵、解毒补液。

4.奶牛酮病

奶牛酮病是奶牛产后20天左右易发生的以迅速消瘦为特征的代谢性疾病。

【症状】病初奶牛兴奋,过敏,以后转为精神沉郁,不吃,产奶量下降,迅速消瘦,尿黄色水样,皮肤及尿液均可发出一种特征性的烂苹果的气味(丙酮味),但体温正常,甚至偏低。其血酮显著增高,尿酮也增高,乳酮增高,而血糖显著下降。

【防治】①奶牛不可过肥,饲料中适当减少蛋白质及脂肪较多的饲料,可增加维生素饲料。②药物治疗:葡萄糖注射液,分上下午静脉注射;皮质激素类药物如地塞米松注射;丙酸钠50克,和水内服,连用10天;饲料中添加烟酸,每天不少于6克;乳酸120克,每天一次,连用5天。

5.乳腺炎

乳腺炎是由于机械的、物理的、化学的和生物学的作用而发生的乳腺组织或乳房间质组织的炎症。

【症状及分类】现在人们习惯于将其分为显性型、隐性型及正常型。隐性乳腺炎虽不像显性型那样的红、热、肿、痛、机能障碍(产奶量减少),但其乳汁质量发生较大变化,而且具有较大的危害。显性乳腺炎从病程上分急性和慢性,从部位上又分乳头管炎、乳池炎、乳腺炎及间质炎。

【治疗】除改善饲养管理,控制青绿饲料,减少饮水及运动之外,具体还可采用:①急性静脉注射普鲁卡因液(0.5%)200～300毫升。②乳房神经封闭,前叶可在乳房侧面转向前方交界处相对侧膝关节方向,后叶可于乳房根部后方中线旁2厘米向同侧腕关节方向,刺入3～4厘米含青霉素的3%普鲁卡因。③全身应用抗生素及磺胺药(从环保要求,停药1周以后的奶方可划入"无抗奶")。④奶头管直接给药如抗生素及消炎药。遇有凝乳块堵塞时可用4%苏打水灌入,待凝块液化后挤出。⑤适当使用一些物理疗法包括按摩疗法,脓性卡他性由下向上按摩。纤维系性、出血性、蜂窝组织性及脓性卡他性急性期严禁按摩。

6.普通病的综合防治措施

(1)乳房疾病的防治

1)注意挤奶卫生 每次挤奶前,要用温热的消毒液清洗乳房和乳头,再用灭菌后的干布擦干。机械挤奶更要注意消毒,遵守操作规程,避免机械性乳头损伤和病原微生物的传播。

2）定期对隐性乳腺炎进行检测　泌奶牛在每年的 1 月、3 月、6 月、7 月、8 月、9 月、11 月各检测 1 次,对检测结果为"＋＋"的病牛应及时治疗。干奶前 3 天应再检测 1 次,阳性牛继续治疗,阴性牛即可干奶。

3）控制乳房的感染　临床型乳腺炎需隔离治疗,治愈后方可合群饲养。

另外,对久治不愈或慢性顽固性乳腺炎病牛应及时淘汰,对胎衣不下、子宫内膜炎、产后败血症等疾病应及时治疗,防止炎症转移至乳房。

（2）肢蹄病的防治　①应保持牛舍、运动场地面的平整、干净、干燥,及时清除粪便和污水。②保持奶牛蹄部清洁,夏季可用清水每天冲洗,每周用 4％硫酸铜溶液喷洒、浴蹄 1～2 次;冬季可用干刷清洁牛蹄,浴蹄次数可相应减少。③定期修蹄,每年全群应于春季和秋季各修蹄 1 次,操作时应严格按照操作规程进行。④发现蹄病及时治疗,以促使其尽快痊愈。⑤平时应给予营养均衡的全价饲料,以满足奶牛对各种营养成分的需求,禁止用患有肢蹄病缺陷的公牛配种。

（3）繁殖疾病的防治　繁殖疾病的种类很多,导致繁殖疾病的因素也很多,其中最为常见的繁殖疾病有子宫内膜炎和激素失调。

1）子宫内膜炎的防治　引起子宫内膜炎的因素很多,诸如恶露不净、难产、胎衣不下或是产犊时环境卫生条件差等。因此,防治子宫内膜炎的关键是做好母牛产前、产后的护理工作。改善母牛分娩环境,增强母牛体质,密切观察母牛产后繁殖功能的恢复情况,对恶露不净、难产、流产、胎衣不下等情况要及时给予治疗。

2）激素失调的防治　激素失调是造成卵巢囊肿、持久黄体、异常发情和不发情等疾病的重要原因,预防的根本原则是加强饲养管理。日粮要平衡,精粗饲料比例和各养分的供应都应注意,尤其要注意矿物质和维生素的补充。同时要充分考虑饲料原料的多样性,严禁为追求产奶量而过度饲喂蛋白质饲料。加强舍外运动。积极治疗子宫疾患,如胎衣不下、子宫复旧不全、子宫肿瘤、子宫积水、子宫炎流产等。经常观察母牛发情表现,及时排查发情异常母牛,做好治疗工作,防止传染性疾病和寄生虫病的感染。禁止滥用激素治疗。

（4）营养代谢病的防治　目前,困扰奶牛生产的营养代谢病主要有脂肪肝、酮病、乳房水肿、产后瘫痪、胎衣不下、真胃变位、瘤胃酸中毒和青草搐搦等。造成营养代谢病的主要原因是奶牛体况过肥或能量负平衡、低血钙、低血镁、食盐过量、精饲料比例过高或日粮转换过急、有效纤维素含量不足、难产、子宫炎等。因此,防治奶牛营养代谢病的关键是:通过调整能量、蛋白质、矿物质和维生素等的添加量以平衡日粮;日粮转换要逐渐进行,不可骤然改变;科学安排精粗饲料的比例,根据奶牛产奶性能和生理阶段合理调整;产前注意补钙;泌乳早期奶牛注意补镁;及时诊治产科疾病。

二、常见传染病的综合防治措施

1. 口蹄疫

口蹄疫是由口蹄疫病毒引起偶蹄兽的一种急性、热性、高度接触性传染病。其特征是在皮肤、黏膜形成水疱和糜烂,尤其在口腔和蹄部的病变最为明显。

【病原及流行病学】口蹄疫病毒具有多型性、变异性等特点,根据病毒的血清学特性,目前已知全世界有 7 个主型。由于各型之间无交叉免疫性,感染了一种型号病毒的动物仍可感染带有其他型病毒的动物。所以,当口蹄疫在一个地区流行后,如果又有口蹄疫流行,就要怀疑为另一型号或亚型病毒感染所致,并采取相应的防治措施。本病以直接接触和间接接触的方式进行传递。本病发生无明显的季节性,但以秋末、冬春为发病盛期。

病毒及潜伏期带毒动物是最危险的传染源。病毒主要存在于水疱皮和水疱液中,在发热期,病牛的奶、尿、唾液、眼泪、粪便等也含有病毒。在病牛发病的头几天,可以排出大量毒力强的病毒。病牛排出的病毒量以牛舌皮中最多,依次为粪、乳、尿和呼出的气体。精液中也含有病毒,能使受精的母牛发病。

【临床症状及病理变化】潜伏期一般为 3 ~ 8 天。表现为突然发病,体温升至40℃左右,精神沉郁,食欲废绝,可见有多量的流涎,在舌面、唇内面及齿龈等部位黏膜出现充血,在趾间及蹄冠部的皮肤也出现同样的水疱。乳房上也有可能出现这种病变,特别是纯种奶牛。有的部位可见到灰白色小斑点或水疱,一般不到一天水疱破溃,上皮脱落后形成糜烂,这时体温降至正常,糜烂逐渐愈合。牛发生口蹄疫一般呈良性经过,病死率很低,一般为 1% ~ 3%。如病毒侵害到心肌时,病情会恶化,死亡率可达 20% ~ 50%。哺乳的犊牛水疱症状不明显。

病理变化除口腔、蹄部出现水疱、烂斑外,在咽喉、气管、支气管及胃肠黏膜有时也会有圆形烂斑、溃疡,其上覆盖有棕黑色痂块。心肌切面有灰白色或淡黄色斑点或条纹,出现所谓的"虎斑心"外观,心肌松软,在心包膜上有弥漫性点状出血。

【诊断及鉴别诊断】由于本病的临床症状特征比较明显,结合流行病学调查情况就可做出初步诊断,但确诊需经实验室诊断。

口蹄疫容易与牛黏膜病、牛恶性卡他热相混淆,除了根据流行病学特点的差异外,主要根据其病毒特性和血清学试验对病毒进行定性区分。

【防治措施】用口蹄疫疫苗按免疫程序进行免疫预防接种。由于口蹄疫在国际上被列为一类传染病,一旦有此病的发生,要采取综合性防治措施:应及时向上级主管部门报告,立即对疫区采取扑杀、封锁、隔离、消毒等综合性防治措施;待全部病牛痊愈、死亡或急宰后 14 天,再经过全面的大消毒,才可解除封锁;同时,进行紧急防疫,采用与当地流行的病毒型号相同的疫苗,对疫区和受威胁区内的健康家畜进行紧急免疫注射。

2. 结核病

结核病是由结核分枝杆菌所引起的人、畜和禽类的一种慢性传染病。其病理特点是在多种组织器官形成肉芽肿和干酪样、钙化结节病变。

【病原及流行病学】结核分枝杆菌主要有 3 个类型,即牛型、人型和禽型结核杆菌。本病可侵害多种动物,在家畜中牛最易感,特别是奶牛,其次为黄牛,猪和家禽亦易患病。

结核病患畜是本病的传染源,本病主要通过呼吸道和消化道感染,也可通过交配感染。本菌对常用磺胺类药物、青霉素及其他广谱抗生素均不敏感。但对链霉素、异烟肼、对氨基水杨酸和环丝氨酸等药物敏感。试验表明中草药中的白及、百部、黄芩等,对结核菌有中度的抑菌作用。

【临床症状及病理变化】牛常发生肺结核,病初无食欲、易疲劳,常发短而干的咳嗽,随后咳嗽加重。病牛日渐消瘦、贫血,有的牛体表淋巴结肿大,常见于肩前、股前、腹股沟、颌下、咽及颈淋巴结等。病势恶化可发生全身性结核,即粟粒性结核。胸膜、腹膜发生结核病灶即所谓的"珍珠病",胸部听诊可听到摩擦音。多数病牛乳房常被感染侵害,见乳房上淋巴结肿大,无热无痛,泌乳量减少,乳汁初无明显变化,严重时呈水样稀薄。肠道结核多见于犊牛,表现消化不良、食欲不振、顽固性下痢、迅速消瘦。生殖器官结核,可见机能紊乱。发情频繁,性欲亢进,慕雄狂或不孕,孕牛流产,公牛副睾丸肿大,阴茎前部可发生结节、糜烂等。中枢神经系统主要是脑与脑膜发生结核病变,常引起神经症状,如癫痫样发作、运动障碍等。

【诊断】当牛发生不明原因的渐进性消瘦、咳嗽、肺部异常、慢性乳腺炎、顽固性下痢、体表淋巴结慢性肿胀等，可怀疑本病。必要时进行微生物学检验。用结核菌素做变态反应，对牛进行检疫，是诊断本病的主要方法。

诊断牛结核病用牛型提纯结核菌素稀释后经皮内注射 0.1 毫升 72 小时判定反应。局部有明显的炎性反应，皮厚差在 4 毫米以上者即判为阳性牛。

【防治措施】健康牛群（无结核病牛群），平时加强防疫、检疫和消毒措施，防止疾病传入。每年春秋两季定期进行结核病检疫，主要用结核菌素结合临诊等检查。发现阳性病牛及时处理，牛群则应按污染群对待。污染牛群，反复进行多次检疫，一旦发现可疑本病者，均做淘汰处理。犊牛应在出生后 1 个月、6 个月、7 个半月时进行 3 次检疫，凡呈阳性者必须淘汰处理。如果都呈阴性反应，且无任何可疑临诊症状，可放入假定健康牛群中培育。

假定健康牛群，为向健康牛群过渡的牛群，应在第一年每隔 3 个月进行一次检疫，直到没有一头阳性牛出现为止。然后再在 1～1.5 年的时间内连续进行 3 次检疫。如果 3 次均为阴性反应即可改称为健康牛群。加强消毒工作，每年进行 2～4 次预防性消毒，每当畜群出现阳性病牛后，都要进行一次大消毒。常用消毒药为 5% 来苏儿或克辽林，10% 漂白粉，3% 福尔马林溶液。

3. 炭疽

炭疽是炭疽杆菌引起的人畜共患的一种急性、热性、败血性传染病。本病以败血症变化、脾脏显著增大、皮下和浆膜下有出血性胶样浸润、血液凝固不良为特征。

【病原及流行病学】病牛是本病的主要传染源，本病在夏季雨水多、环境条件差时易发生传播。本病主要经采食污染的草料和水而感染，其次是通过吸血昆虫叮咬皮肤感染，也可通过呼吸道感染。

【临床症状及病理变化】本病潜伏期一般为 1～5 天。最急性型突然昏迷、倒卧，呼吸困难，可视黏膜发绀，战栗，临死前天然孔出血。病程数分钟至数小时。血液不凝呈煤焦油样。急性型最常见，病牛体温上升到 42℃，少食，在放牧和使役中突然死亡。有的精神不振，反刍停止，战栗，呼吸困难，黏膜呈蓝紫色或有小点出血。先便秘，后腹泻带血，有时腹痛，尿暗红，有时混有血液。濒死期体温下降，气喘，天然孔出血，痉挛，一般 1～2 天死亡。亚急性型病情较慢，在喉部、颈部、胸前、腹下、肩胛或乳房等部的皮肤，直肠或口腔黏膜等处发生局限性炎性水肿。初期硬且有热痛，后变冷而无痛，中央部可发生坏死，有时可形成溃疡称炭疽痈，经数周可痊愈。有时可转为急性。病程数日至

1周以上。

【诊断】可疑炭疽病死牛,禁止剖检,可切下一耳朵,或者用消毒棉棒浸透血液,涂血片送检。

【防治措施】

预防措施:在经常或近2～3年内曾发生炭疽地区的易感动物,每年应进行预防接种。常用疫苗有无毒炭疽芽孢苗及炭疽第二号芽孢苗。这两种疫苗接种后14天产生免疫力,免疫期为1年。

扑灭措施:发生该病时,应立即上报疫情,划疫区,封锁发病场所,实施一系列防疫措施。病牛隔离治疗,可疑者用药物防治,假定健康群应紧急免疫接种。①血清疗法抗炭疽血清是治疗病牛的特效制剂,病初应用有良效。皮下或静脉注射,必要时于12小时后再注射1次。②药物疗法可选用青霉素、土霉素、链霉素等抗生素。磺胺类药以磺胺嘧啶较好。③全场应彻底消毒,病牛躺过的地面,应将表土除去15～20厘米,取下的土应与20%漂白粉溶液混合后再行深埋。牛舍用20%漂白粉溶液或10%烧碱水喷洒3次,每次间隔1小时。污染的饲料、垫料、粪便应焚烧。尸体应焚烧或深埋处理。④禁止动物出入疫区和输出畜产品及草料,禁止食用病牛乳、肉。在病畜死亡或痊愈后15天时解除封锁,解除前再进行一次终末消毒。

4. 传染病的综合防治措施

一是加强饲养管理,增强奶牛机体的抗病能力,搞好卫生消毒工作。在场、舍门口设置消毒设施,如消毒池或是消毒垫等,同时牛舍地面、设施要定期应用化学消毒法消毒。

二是定期杀虫、灭鼠、灭蚊,对粪便进行无害化处理。

三是严格贯彻预防接种程序,做好免疫记录。预防接种是防治传染病的有效手段,根据季节性发病特点,严格贯彻预防接种程序,做好免疫记录,防止漏种。及时了解疫(菌)苗的市场更新情况,做好疫(菌)苗的保存工作。注意观察免疫牛的行为表现。

四是发生疫情后,要严格封锁,及时隔离,尽早治疗病牛。为了加强防疫,奶牛场生产区只能有一个出入口,要禁止非生产人员和车辆进入生产区。生产人员进入生产区要更换已消毒的衣服和胶鞋;饲养人员也要严格遵守卫生防疫规定,做好自身消毒,不得随意在舍与舍或场与场之间走动;一般情况下奶牛场应谢绝参观,一旦发生疫情,要迅速把病牛赶入隔离舍与健康牛隔离。

五是贯彻自繁自养原则,减少疫病传播。

（三）常见寄生虫病的综合防治措施

1. 牛囊尾蚴病

本病是由带吻绦虫的幼虫阶段（牛囊尾蚴）寄生在牛体各部的肌肉组织内所引起的。一般不出现症状，只有当牛受到严重感染时才有如下表现：病初体温升高到40℃以上，虚弱，下痢，短时间的食欲减退，喜卧，呼吸急促，心跳加快。在触诊四肢、背部和腹部肌肉时，病牛感到不安。黏膜苍白，带黄疸色，开始消瘦。

【诊断】本病无法根据临床症状进行确诊，可采用血清学方法进行初步诊断，目前认为最有效的方法是间接红细胞凝集试验和酶联免疫吸附试验。

【预防】不让牛吃到病牛粪便污染的饲料和饮水。

【治疗】治疗困难，建议试用丙硫苯咪唑。

2. 绦虫病

本病是由寄生在牛小肠的莫尼茨绦虫、曲子宫绦虫及无卵黄腺绦虫引起的，其中莫尼茨绦虫危害最为严重，常可引起病牛死亡。莫尼茨绦虫主要感染出生数月的犊牛，以6月、7月发病最为严重。犊牛和成年牛均可感染曲子宫绦虫，无卵黄腺绦虫常感染成年牛。严重感染时精神不振，腹泻，粪便中混有成熟的节片。病牛迅速消瘦，贫血，有时还出现痉挛或回旋运动，最后引起死亡。

【诊断】用粪便漂浮法可发现虫卵，虫卵近似四角形或三角形，无色，半透明，卵内有梨形器，梨形器内有六钩蚴。用1%硫酸铜溶液进行诊断性驱虫，如发现排出虫体，即可确诊。剖检时可在肠道内发现白色带状的虫体。

【预防】对病牛粪便集中进行处理，然后才能用作肥料。可采用翻耕土地、更新牧地等方法消灭地螨。用1%硫酸铜进行预防性驱虫。

【治疗】①硫酸二氯酚按每千克体重30～40毫克，一次口服。②丙硫苯咪唑每千克体重7.5毫克，一次口服。③氯硝柳胺每千克体重40～60毫克，早晨空腹一次口服。

3. 血吸虫病

血吸虫病主要是由日本分体吸虫所引起的一种人畜共患血液吸虫病。以牛感染率最高，病变也较明显，主要症状为贫血、营养不良和发育障碍。我国主要发生在长江流域及南方地区，北方地区发生少。

急性病牛，主要表现为体温升高到40℃以上，呈不规则的间歇热，可因严重的贫血致全身衰竭而死亡。常见的多为慢性病例，病牛仅见消化不良，发育迟缓,腹泻及便血,逐渐消瘦;若饲养管理条件较好,则症状不明显,常成为带虫者。

【诊断】生前用反复水洗沉淀法,镜检粪渣中的虫卵;其虫卵呈卵圆形,壁厚,透明无色或呈淡黄色。剖检时,肝和肠壁等脏器有明显的日本分体吸虫虫卵结节,肠壁增厚;门静脉与肠系膜内有成虫寄生。

【防治】搞好血吸虫病的预防要采取综合防治措施:①搞好粪便管理,牛粪是感染本病的根源。因此,要结合积肥,把粪便集中起来,进行无害化处理,如堆沤、发酵等,以杀死虫卵。②改变饲养管理方式,在有血吸虫病流行的地区,牛饮用之水必须选择无螺水源以避免有尾蚴侵袭而感染。

【治疗】用吡喹酮,按每千克体重30～40毫克,一次口服,或按每千克体重30毫克肌内注射。

4. 牛球虫病

牛球虫病是由艾美耳属的几种球虫寄生于牛肠道引起的以急性肠炎、血痢等为特征的寄生虫病。牛球虫病多发生于犊牛。一般潜伏期为2～3周,犊牛一般为急性经过,病程为10～15天。当牛球虫寄生在大肠内繁殖时,肠黏膜上皮大量破坏脱落、黏膜出血并形成溃疡,这时在临床上表现为出血性肠炎、腹痛,血便中常带有黏膜碎片。约1周后,前胃弛缓,肠蠕动增强、腹泻,多因体液过度消耗而死亡。慢性病例,则表现为长期下痢、贫血,最终因极度消瘦而死亡。

【诊断】临床上犊牛出现血痢和粪便恶臭时,可采用饱和盐水漂浮法检查患犊粪便,查出球虫卵囊即可确诊。在临床上应注意牛球虫病与大肠杆菌病的鉴别,前者常发生于1个月以上犊牛,后者多发生于出生后数天且脾脏肿大的犊牛。

【预防】①犊牛与成年牛分群饲养,以免球虫卵囊污染犊牛的饲料。②舍饲牛的粪便和垫草需集中消毒或进行生物热堆肥发酵。在发病时可用1%克辽林对牛舍、饲槽消毒,每周1次。

【治疗】氨丙啉,按每千克体重20～50毫克,一次内服。

5. 寄生虫病的综合防治措施

寄生虫病的综合防治措施主要包括:控制和消灭传染源、切断传播途径和保护易感动物。

第七章　奶牛产品安全标准化管理

　　奶牛产品安全标准化管理的主要内容包括:巩固奶业整顿和振兴成果,完善生鲜乳质量安全监测计划,加大生鲜乳收购、运输环节的抽检力度,扩大抽检范围,增加抽检频次;实施生鲜乳违禁物质专项整治,严厉打击违禁添加行为;进一步加强生鲜乳收购站监管,推进生鲜乳收购站标准化建设与管理;对分布偏远、设施落后、管理松散、水平较低的生鲜乳收购站,重点加强日常监管;积极应对和妥善处理各种突发事件,保障生鲜乳质量安全。

第一节 牛奶质量的保证措施

2012年以来,我国强化生鲜乳质量安全监管,制定了一系列严格的标准。

一、饮水要求

场区应有足够的生产用水和饮用水,饮用水质量应达到《无公害食品畜食饮用水水质》(NY 5027)的规定。经常清洗和消毒饮水设备,避免细菌滋生。若有水塔或其他储水设备,则应做好防止污染的措施,并予以定期清洗和消毒。

二、引种要求

需要引进种牛或精液时,应从具有种牛经营许可证的种牛场引进。引进种牛,应按照《种畜禽调运检疫技术规范》(GB 16567)进行检疫。引进的种牛,隔离观察至少45天,经兽医检疫部门检查确定为健康合格后,方可供繁殖使用。不应从疫区引进种牛。

三、饲养条件

饲料和饲料添加剂的使用应符合《无公害食品奶牛饲养饲料使用准则》(NY 5048)的规定。奶牛的不同生长时期和生理阶段至少应达到《奶牛营养需要和饲养标准》(第二版)要求,可参照使用地方奶牛饲养规范(规程)。不应在饲料中额外添加未经国家有关部门批准使用的各种化学、生物制剂和保护剂(如抗氧化剂、防霉剂)等添加剂。应清除饲料中的金属异物和泥沙。

四、环境及工艺要求

奶牛饲养场的环境质量应符合《农产品安全质量无公害畜禽肉产地环境要求》(GB/T 18407.3—2001)的规定,场址应选在地势平坦干燥、背风向阳、排水良好、场地水源充足、未被污染和没有发生过任何传染病的地方。牛场内应分设管理区、生产区和粪污处理区,管理区和生产区应处在上风向,粪污处理区应处于下风向。牛场净道和污道应分开,污道在下风向,雨水和污水应分开。牛场排污应遵循减量化、无害化和资源化的原则。牛舍应具备良好的清粪排尿系统。牛舍地面和墙壁应选用适宜材料,以便于进行彻底清洗消毒。

牛场周围应设绿化隔离带。牛舍内的温度、湿度、气流(风速)和光照应满足奶牛不同饲养阶段的需求,以降低牛群发生疾病的机会。牛舍内空气质量应符合《畜禽场环境质量标准》(NY/T 388)的规定。奶牛场和奶产品加工厂均应取得畜牧兽医行政主管部门核发的动物防疫合格证。

五、免疫要求

奶牛场应依照《中华人民共和国动物防疫法》及其配套法规的要求,根据动物防疫监督机构的疫病免疫计划,制订具体的免疫方案,定期做好免疫工作。牛群的免疫应符合《无公害食品奶牛饲养兽医防疫准则》(NY 5047)的要求。免疫用具在免疫前后要彻底消毒,剩余或废弃的疫(菌)苗以及使用过的疫(菌)苗瓶要做无害化处理,不得乱扔。当地动物防疫监督机构定期或不定期进行疫病防疫监督抽查,提出处理意见,并将抽查结果报告当地畜牧兽医行政主管部门。

六、疫病监测

牛场应依照《中华人民共和国动物防疫法》及其配套法规的要求,根据动物防疫监督机构的疫病监测计划,制订具体的监测方案,定期做好监测工作。牛场应取得动物防疫监督机构核发的奶牛布氏菌病结核监测合格证。当地动物防疫监督机构应定期或不定期进行疫病监督抽查,提出处理意见,并将抽查结果报告当地畜牧兽医行政主管部门。

七、兽药使用

用药物治疗患病奶牛,应按照《无公害食品奶牛饲养兽药使用准则》(NY 5046)执行。泌奶牛在正常情况下禁止使用任何药物,必须用药时,在药物残留期间的牛奶不应作为商品奶出售。牛奶在上市前应按规定停药,应准确计算停药时间和弃乳期。不应使用未经有关部门批准使用的激素类药物和抗生素。

八、抗生素牛奶的危害

我国生鲜牛奶收购管理办法中明确规定,养殖和生产中要高度重视牛奶中抗生素的危害。注射过抗生素的奶牛5天内所产牛奶不允许出售食用,但很多奶牛饲养户不遵守这一规定。对于婴儿而言,如果食用了含有抗生素成分的婴儿奶粉,轻者会造成肠道中菌群的紊乱,使婴儿机体从小就对青霉素等药物产生抗药性;重者会引起身体出现变态反应,如皮疹过敏性休克等。成人长期食用含有抗生素的奶粉和鲜奶,则会使致病菌、病毒大量增殖而导致全身或局部感染,还会导致人体对抗生素的严重抗药性,给临床治疗带来困难。卫生检疫发现,当奶牛注射青霉素、链霉素120小时以后,仍能从牛奶中检测出青霉素残留;将含有抗生素的牛奶进行高温灭菌,结果青霉素含量没有变化;用青霉素残留为阳性的生牛奶加工成奶粉或冰淇淋后,奶粉和冰淇淋中青霉素残留仍为阳性。由此可以证实,牛奶中的抗生素十分稳定,基本不受温度的影响,也不能通过常压等物理方法来进行破坏和分解。国外对奶制品中抗生素的残留,规定的条目非常多,对食品的全程控制也较严格。

九、卫生消毒

1. 消毒剂

消毒剂应选择对人、奶牛和环境相对安全、没有残留毒性、对设备没有破坏和在牛体内不应产生有害积累的消毒剂。可选用的消毒剂有石炭酸(酚)、煤酚、双酚类、次氯酸盐、有机碘混合物(碘附)、过氧乙酸、生石灰、氢氧化钠(火碱)、高锰酸钾、硫酸铜、新洁尔灭、松馏油、酒精和来苏儿等。

2. 消毒方法

(1)紫外线消毒 对人员入口处设紫外线灯照射,以起到杀菌效果。

(2)喷雾消毒 用一定浓度的次氯酸盐、有机碘混合物、过氧乙酸、新洁尔灭、煤酚等,用喷雾装置进行喷雾消毒,主要用于清洗后的牛舍、带牛环境、牛场道路、周围环境以及进入场区车辆的消毒。

(3)喷洒消毒 在牛舍周围、入口、产床和牛床下撒生石灰或喷洒氢氧化钠溶液杀菌、消毒。

(4)浸洗消毒 用一定浓度的新洁尔灭溶液、有机碘混合物或煤酚的水溶液,用于手、工作服和胶靴的消毒。

(5)热水消毒 用35~46℃温水以及70~75℃的热碱水清洗挤奶机器管道,以除去管道内的残留物质。

3. 消毒制度

(1)人员消毒 工作人员进入生产区应更衣和进行紫外线消毒,工作服不应穿出场外。外来参观者进入场区参观应彻底消毒,更换场区工作服和工作鞋,并遵守场内防疫制度。

（2）环境消毒　牛舍周围环境（包括运动场）每周用2%氢氧化钠溶液消毒或撒生石灰1次，场周围以及场内污水池、排粪坑和下水道出口，每月用漂白粉消毒1次。在大门口和牛舍入口设消毒池，使用2%氢氧化钠溶液或5%煤酚皂溶液。

（3）牛舍消毒　牛舍在每班牛下槽后应彻底清扫干净，定期用高压水枪冲洗，并进行喷雾消毒或熏蒸消毒。

（4）牛体消毒　挤奶、助产、配种、注射治疗以及其他对奶牛进行接触的操作之前，应先将牛有关部位（如乳房、乳头、阴门和后躯等）进行消毒擦拭，以降低牛奶中的细菌数，保证牛体健康。

（5）带牛环境消毒　定期进行带牛环境消毒，有利于减少环境中的病原微生物。可用于带牛环境消毒的消毒药有0.1%新洁尔灭溶液、0.2%过氧乙酸溶液、0.1%次氯酸钠溶液，以减少传染病和蹄病的发生，但带牛环境消毒时应避免消毒剂污染牛奶。

（6）用具消毒　定期对饲喂用具、料槽和饲料车等进行消毒，可用0.1%新洁尔灭溶液或0.2%～0.5%过氧乙酸溶液消毒；日常用具（如兽医用具、助产用具、配种用具、挤奶设备和奶罐车等）在使用前后应进行彻底消毒和清洗。

第二节　牛奶质量安全的意义

牛奶含有丰富的蛋白质、脂肪、乳糖、钙和磷等物质，还有多种维生素，很容易被人体吸收，是营养成分全面的食品之一。目前随着人们生活水平的提高，牛奶的需求量日益增加，液态奶的质量问题也备受关注。营养成分的高低、是否为异常乳（初乳、末乳、乳腺炎乳、酒精阳性乳）、原料奶卫生状况如何等都将不同程度地影响液态奶的质量，所以在牛奶生产中，不仅要提高牛奶产量，更重要的是要保证牛奶的质量。在目前的生产条件下，牛奶在生产过程的各个环节均会受到不同程度的污染，但主要是在挤奶过程中和挤奶之后受细菌的污染，或者由于奶牛患病（如乳腺炎）直接导致。而且，患病牛所产的牛奶还可能受到药物如抗生素的污染，人饮用之后，会对人体健康造成不同程度的影响。所以，要生产高质量的牛奶，必须从生产的各个环节加以注意，做好产后牛奶的安全监测。

一、合格牛奶和异常奶

合格的牛奶是生产优质奶制品的前提条件,而只有正常的牛奶才是合格的。正常牛奶是指在正常饲养管理条件下,未患传染病和乳腺炎等疾病的健康母牛在产犊 7 天至干奶期前整个泌乳期所产的奶,其化学成分及其性质基本稳定,物理、感官和微生物指标也都符合国家规定的鲜奶质量标准。异常牛奶是指在生产过程中其成分和性质发生变化,偏离规定的质量标准范围的牛奶。异常牛奶产生的原因包括以下 4 种情况:生理异常奶,包括初乳、末乳和营养不良乳;病理性异常奶,即患乳腺炎病牛所产的奶和被其他病原菌污染的奶;生物化学异常奶,即高酸度奶、酒精阳性奶、低成分奶和冻结奶等;掺杂使假奶,如掺入水、米汤、豆浆、石灰水等的牛奶。异常奶一般不适于加工成奶制品,但仍有一定的其他利用价值。

二、生鲜牛奶收购标准

《生鲜牛奶收购标准》(GB 6914—86)由我国国家标准局于 1986 年颁发,1987 年 7 月 1 日起正式实施,其内容包括牛奶的感官指标、理化指标和细菌指标等。

1. 感官指标

要求新鲜牛奶为乳白色或稍带微黄色的均匀胶态液体,无沉淀、无凝块、无杂质、无异味。奶色淡且呈稀薄状态的为脱脂奶、掺水奶的主要感官特征;奶呈微红色,表示可能混有血液,或与饲料药物以及微生物色素有关;奶呈淡黄色是混有初乳的结果。此外,某些产色素细菌在牛奶中繁殖,也可使奶的颜色呈粉红色或淡蓝色。牛奶出现黏滑现象,呈现凝块、絮状物或水样,并有异味,是细菌感染所致。牛奶中应无毛发、沙土、粪渣、饲料残渣、昆虫及其他杂物。新鲜奶应具有微香气味,注意因细菌引起的微酸气味和因保存不当而使牛奶吸收了某些挥发性物质(如煤油、汽油、松节油等)以及因鲜奶在牛舍放置时间过长而带来的异常气味。

2. 理化指标

国家标准规定,纯鲜牛奶应含脂肪 3.1%,蛋白质 2.9%,非脂干物质 8.1%。

3. 牛奶的卫生指标

牛奶的卫生指标见表7-1。

表7-1　牛奶的卫生指标

项目	指标
汞(毫克/千克)	0.01
铅(毫克/千克)	≤0.05
砷(毫克/千克)	≤0.2
铬(毫克/千克)	≤0.3
硝酸盐(毫克/千克)	≤8.0
亚硝酸盐(毫克/千克)	≤0.2
六六六(毫克/千克)	不得检出
滴滴涕(毫克/千克)	不得检出
黄曲霉素(毫克/千克)	≤0.2
抗生素	不得检出
马拉硫磷(毫克/千克)	≤0.10
倍硫磷(毫克/千克)	≤0.01
甲胺磷(毫克/千克)	≤0.2

4. 微生物指标

牛奶中的菌落总数应尽量低于50万个/毫升,不得高于最新国标200万个/毫升。

5. 掺假项目

不得在生鲜牛奶中掺入碱性物质、淀粉、食盐、蔗糖等非乳物质。

6. 生鲜牛奶的分级标准

上述国家标准已明确规定了牛奶的质量标准,按照理化指标和微生物指标可将牛奶分为特级、一级和二级。并特别要求生鲜牛奶应该是由正常健康的母牛挤出的新鲜天然乳汁,不得混有末乳和初乳,不能有肉眼可见的杂质,不得有异味和异色,酸度不能超过20°T,更不得有抗生素、防腐剂和任何有碍食品安全的添加剂等。

第三节 奶源管理及生鲜乳收购

一、奶源管理

乳制品加工企业应有固定的奶源,并同原料乳供应单位签订生鲜乳收购合同或协议。应对奶源基地的奶牛登记造册,掌握牛群的数量、健康、饲养、繁殖、流动等情况。大力提倡和推广机械挤奶,以质论价收购生鲜乳。挤奶厅(站)、收奶站应有与受乳量相匹配的冷却降温、清洗消毒、储存、质量检验等设备。各种设施、容器每天要清洗、消毒、保持内外清洁卫生。周围无污染源,门窗有防蚊蝇设施,地面硬化处理,排水畅通。

二、挤奶员及挤奶注意事项

挤奶员应有健康证并经培训后上岗,掌握生鲜乳的理化、卫生等方面的知识。挤奶开始前应对奶牛进行清洁,对奶牛乳房用清洁水进行冲洗和消毒,开始挤出的前三把乳汁应丢弃(图7-1)。

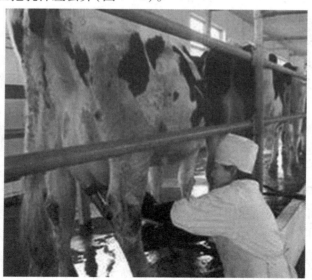

图7-1 挤奶

三、生鲜乳储藏与收购

挤出的、收购的生鲜乳应及时做降温处理,使其温度保持在 0 ~ 6℃,并尽快运往加工厂加工,生鲜乳储存时间最长不超过 24 小时。生鲜牛乳的盛装应采用表面光滑的不锈钢制成的桶和储罐或由食品级塑料制成的容器,采用管道输送、保温槽车运往加工厂。收购生鲜乳应符合《无公害食品 生鲜牛乳》(NY 5045)的规定,必须保持生鲜乳的纯度,不得掺入任何外来物质;产前 15 天的胎乳、产犊后 7 天以内的初乳、使用抗生素药物期间和停药后 5 天以内的乳汁、乳腺炎乳等非正常乳要单挤单盛,适当处理,不得与正常乳混合。

第四节 牛奶的收集处理和运输

挤奶安全与否直接关系到牛奶的品质和牛群的健康。因此,应加强对挤奶员的健康检查(每年 1 次)和挤奶技能培训。挤出的鲜奶应及时进行过滤、净化、冷却和消毒等卫生处理,防止牛奶的体外污染和奶牛乳腺炎等疾病的发生,有条件的牛场可采用封闭式挤奶机和冷藏罐,实现全程机械挤奶。

一、牛奶的收集处理

牛奶初步处理是奶牛场必不可少的一个环节。为了保持牛奶在运往乳品厂之前不变质,奶牛场对刚挤下的新鲜牛奶必须即时冷却,妥善保存,并尽快运走。

刚挤出的正常牛奶,温度一般为 37℃。从理论上讲,新鲜的牛奶是无菌的,但在一般奶牛场的环境条件下,能够使牛奶腐败的微生物随处可见(如乳房上、挤奶工的手上、空气中的灰尘等),所以必须采取各种措施,尽量排除和减少牛奶受到细菌的污染。

牛奶是细菌繁殖最好的培养基,并含有细菌所需要的一切营养物质,尤其在 37℃的温度条件下,细菌繁殖非常旺盛。所以,为了抑制细菌繁殖,必须尽快将牛奶冷却(降至 4 ~ 5℃),随着温度的下降,细菌的活性也将逐渐下降。同时,刚挤出的牛奶必须尽快过滤,以消除杂质和牛奶中的部分微生物。下面介绍几种冷却牛奶的方法:

1. 冷却水池

冷却水池是一种最简易的方法,即将牛奶桶置于水池中,用冷水或冰水进行冷却。在北方地区由于地下水温度低(夏天10℃以下),所以直接用地下水即可将牛奶温度降至13～14℃(牛奶冷却后比水温高3～4℃),如果每天给乳品厂送1次奶,完全可以达到保存目的。南方由于水温较高,在水池中应加冰块,才能使牛奶达到冷却要求。同时,应不断搅拌牛奶,并根据水温进行排水或换水,水池中的水量应比牛奶容量大4～5倍。所以,南方用水池冷却牛奶,耗水量大,而且冷却缓慢,不是理想的牛奶冷却方法。

2. 冷却缸

冷却缸分为喷射式冷却缸和浸入式冷却缸两种。

喷射式冷却缸,在奶桶外面喷射循环的冷却水;浸入式冷却缸由一个放在奶桶中下部的盘管组成,冷却水循环通过盘管使牛奶保持在所需要的温度。冷却缸不论大小,都配有内部冷却设备,保证其在一定时间内冷却至一定温度,并均附有自动清洗设备。

3. 冷排

冷却器由金属排管组成,牛奶从上部配槽底部的细孔流出,形成薄层,流过冷却器的表面,再流入储藏罐中。冷剂(冷水或冷盐水)从冷却器的下部自下而上通过冷却器的每根排管,以降低沿冷却器表面流下的牛奶的温度。这种冷却器冷却效果较好,适用于奶牛场和小型乳品加工厂。

4. 热交换器

在大型奶牛场,大量牛奶必须迅速地从37℃冷却到4℃,储藏罐已不适用。冷却过程是通过与管道相连接的热交换器(冷排)完成。

二、牛奶的储存

冷却后的牛乳应尽可能保存在低温条件下,以防止乳温升高。为此,牛奶冷却后须储存在只有良好绝热性能的储奶罐内,使牛奶在储存期间保持一定的低温,并尽量保持温度不回升。一般在具有良好绝热性能的储奶罐内,24小时内乳温升高仅1～2℃。

储奶罐有立式、卧式两种,容量一般为1 000～100 000升。储奶罐容量的大小,可根据每天牛乳的总量、运输时间和能力等因素来决定。一般储奶罐的容量应为日总乳量的1.5倍。储奶罐使用前后应彻底洗净、杀菌。储奶期间要开动搅拌机。

直冷式储奶罐(槽)集鲜奶的冷却与储存于一身,规模化奶牛场或农村收奶站可以使用。除桶式挤奶机外,成套的挤奶设备都带有直冷式储奶罐或其他形式的鲜奶冷却储存设备。

1. 奶桶运输

将牛奶装入容量为40~50升的奶桶中,用卡车运输。在夏天奶温易于上升,用这种方式应在早、晚运送,同时应以隔热材料(湿麻袋、草包等)遮盖奶桶或减少运输途中的运行时间等。使用奶桶运输,运输前奶桶必须装满并盖严紧,以防牛奶震荡。必须保持奶桶清洁卫生,并严格消毒。运输结束后,奶桶必须及时清洗、消毒并晾干。

2. 奶罐车(图7-2)

一般是将输奶软管与牛场冷却罐的出口阀相连接。奶罐车装有计量泵,能自动记录接收牛奶的数量。用奶罐车运输牛奶时,必须装满,以防牛奶运输途中震荡过大,为此有的奶罐车上的奶槽分成若干个间隔。奶罐车收奶结束后必须清洗。

图7-2 奶罐车

附　录

NY/T 34—2004 奶牛饲养标准（节录）

附表1　每产1千克奶的营养需要

乳脂率（%）	日粮干物质（千克）	奶牛能量单位（NND）	产奶净能（兆焦）	可消化粗蛋白质（克）	小肠可消化粗蛋白质（克）	钙（克）	磷（克）	胡萝卜素（毫克）	维生素A（国际单位）
2.5	0.31～0.35	0.80	2.51	49	42	3.6	2.4	1.05	420
3.0	0.34～0.38	0.87	2.72	51	44	3.9	2.6	1.13	452
3.5	0.37～0.41	0.93	2.93	53	46	4.2	2.8	1.22	486
4.0	0.40～0.45	1.00	3.14	55	47	4.5	3.0	1.26	502
4.5	0.43～0.49	1.06	3.35	57	49	4.8	3.2	1.39	556
5.0	0.46～0.52	1.13	3.52	59	51	5.1	3.4	1.46	584
5.5	0.49～0.55	1.19	3.72	61	53	5.4	3.6	1.55	619

附表 2　母牛妊娠最后 4 个月的营养需要

体重（千克）	怀孕月份	日粮干物质（千克）	奶牛能量单位（NND）	产奶净能（兆焦）	可消化粗蛋白质（克）	小肠可消化粗蛋白质（克）	钙（克）	磷（克）	胡萝卜素（毫克）	维生素 A（国际单位）
350	6	5.78	10.51	32.97	293	245	27	18	67	27 000
	7	6.28	11.44	35.90	327	275	31	20		
	8	7.23	13.17	41.34	375	317	37	22		
	9	8.70	15.84	49.54	427	370	45	25		
400	6	6.30	11.47	35.99	318	267	30	20	76	30 000
	7	6.81	12.40	38.92	352	297	34	22		
	8	7.76	14.13	44.36	400	339	40	24		
	9	9.22	16.80	52.72	462	392	48	27		
450	6	6.81	12.40	38.92	343	287	33	22	86	34 000
	7	7.32	13.33	41.84	377	317	37	24		
	8	8.27	15.07	47.28	425	359	43	26		
	9	9.73	17.73	55.65	487	412	51	29		
500	6	7.31	13.32	41.80	367	307	36	25	95	38 000
	7	7.82	14.25	44.73	401	337	40	27		
	8	8.78	15.99	50.17	449	379	46	29		
	9	10.24	18.65	58.54	511	432	54	32		
550	6	7.80	14.20	44.56	391	327	39	27	105	42 000
	7	8.31	15.13	47.49	425	357	43	29		
	8	9.26	16.87	52.93	473	399	49	31		
	9	10.72	19.53	61.30	535	452	57	34		

奶牛标准化安全生产关键技术

体重（千克）	怀孕月份	日粮干物质（千克）	奶牛能量单位（NND）	产奶净能（兆焦）	可消化粗蛋白质（克）	小肠可消化粗蛋白质（克）	钙（克）	磷（克）	胡萝卜素（毫克）	维生素 A（国际单位）
600	6	8.27	15.07	47.28	414	346	42	29	114	46 000
	7	8.78	16.00	50.21	448	376	46	31		
	8	9.73	17.73	55.65	496	418	52	33		
	9	11.20	20.40	64.02	558	471	60	36		
650	6	8.74	15.92	49.96	436	365	45	31	124	50 000
	7	9.25	16.85	52.89	470	395	49	33		
	8	10.21	18.59	58.33	518	437	55	35		
	9	11.67	21.25	66.70	580	490	63	38		
700	6	9.22	16.76	52.60	458	383	48	34	133	53 000
	7	9.71	17.69	55.53	492	413	52	36		
	8	10.67	19.43	60.97	540	455	58	38		
	9	12.13	22.09	69.33	602	508	66	41		
750	6	9.65	17.57	55.15	480	401	51	36	143	57 000
	7	10.16	18.51	58.08	514	431	55	38		
	8	11.11	20.24	63.52	562	473	61	40		
	9	12.58	22.91	71.89	624	526	69	43		

注1：怀孕牛干奶期间按上表计算营养需要。

注2：怀孕期间如未干奶，除按上表计算营养需要外，还应加产奶的营养需要。

附表3 生长母牛的营养需要

体重（千克）	日增重（克）	日粮干物质（千克）	奶牛能量单位（NND）	产奶净能（兆焦）	可消化粗蛋白质（克）	小肠可消化粗蛋白质（克）	钙（克）	磷（克）	胡萝卜素（毫克）	维生素A（国际单位）
40	0		2.20	6.90	41	—	2	2	4.0	1 600
	200		2.67	8.37	92	—	6	4	4.1	1 600
	300		2.93	9.21	117	—	8	5	4.2	1 700
	400		2.23	10.13	141	—	11	6	4.3	1 700
	500		3.52	11.05	164	—	12	7	4.4	1 800
	600		3.84	12.05	188	—	14	8	4.5	1 800
	700		4.19	13.14	210	—	16	10	4.6	1 800
	800		4.56	14.31	231	—	18	11	4.7	1 900
50	0		2.56	8.04	49	—	3	3	5.0	2 000
	300		3.32	10.42	124	—	9	5	5.3	2 100
	400		3.60	11.30	148	—	11	6	5.4	2 200
	500		3.92	12.31	172	—	13	8	5.5	2 200
	600		4.24	13.31	194	—	15	9	5.6	2 200
	700		4.60	14.44	216	—	17	10	5.7	2 300
	800		4.99	15.65	238	—	19	11	5.8	2 300
60	0		2.89	9.08	56	—	4	3	6.0	2 400
	300		3.67	11.51	131	—	10	5	6.3	2 500
	400		3.96	12.43	154	—	12	6	6.4	2 600
	500		4.28	13.44	178	—	14	8	6.5	2 600
	600		4.63	14.52	199	—	16	9	6.6	2 600
	700		4.99	15.65	221	—	18	10	6.7	2 700
	800		5.37	16.87	243	—	20	11	6.8	2 700

体重（千克）	日增重（克）	日粮干物质（千克）	奶牛能量单位（NND）	产奶净能（兆焦）	可消化粗蛋白质（克）	小肠可消化粗蛋白质（克）	钙（克）	磷（克）	胡萝卜素（毫克）	维生素 A（国际单位）
	0	1.22	3.21	10.09	63	—	4	4	7.0	2 800
	300	1.67	4.01	12.60	142	—	10	6	7.9	3 200
	400	1.85	4.32	13.56	168	—	12	7	8.1	3 200
70	500	2.03	4.64	14.56	193	—	14	8	8.3	3 300
	600	2.21	4.99	15.65	215	—	16	10	8.4	3 400
	700	2.39	5.36	16.82	239	—	18	11	8.5	3 400
	800	3.61	5.76	18.08	262	—	20	12	8.6	3 400
	0	1.35	3.51	11.01	70	—	5	4	8.0	3 200
	300	1.80	1.80	13.56	149	—	11	6	9.0	3 600
	400	1.98	4.64	14.57	174	—	13	7	9.1	3 600
80	500	2.16	4.96	15.57	198	—	15	8	9.2	3 700
	600	2.34	5.32	16.70	222	—	17	10	9.3	3 700
	700	2.57	5.71	17.91	245	—	19	11	9.4	3 800
	800	2.79	6.12	19.21	268	—	21	12	9.5	3 800
	0	1.45	3.80	11.93	76	—	6	5	9.0	3 600
	300	1.84	4.64	14.57	154	—	12	7	9.5	3 800
	400	2.12	4.96	15.57	179	—	14	8	9.7	3 900
90	500	2.30	5.29	16.62	203	—	16	9	9.9	4 000
	600	2.48	5.65	17.75	226	—	18	11	10.1	4 000
	700	2.70	6.06	19.00	249	—	20	12	10.3	4 100
	800	2.93	6.48	20.34	272	—	22	13	10.5	4 200

体重（千克）	日增重（克）	日粮干物质（千克）	奶牛能量单位（NND）	产奶净能（兆焦）	可消化粗蛋白质（克）	小肠可消化粗蛋白质（克）	钙（克）	磷（克）	胡萝卜素（毫克）	维生素A（国际单位）
	0	1.62	4.08	12.81	82	—	6	5	10.0	4 000
	300	2.07	4.93	15.49	173	—	13	7	10.5	4 200
	400	2.25	5.27	16.53	202	—	14	8	10.7	4 300
100	500	2.43	5.61	17.62	231	—	16	9	11.0	4 400
	600	2.66	5.99	18.79	258	—	18	11	11.2	4 400
	700	2.84	6.39	20.05	285	—	20	12	11.4	4 500
	800	3.11	6.81	21.39	311	—	22	13	11.6	4 600
	0	1.89	4.73	14.86	97	82	8	6	12.5	5 000
	300	2.39	5.64	17.70	186	164	14	7	13.0	5 200
	400	2.57	5.96	18.71	215	190	16	8	13.2	5 300
	500	2.79	6.35	19.92	243	215	18	10	13.4	5 400
125	600	3.02	6.75	21.18	268	239	20	11	13.6	5 400
	700	3.24	7.17	22.51	295	264	22	12	13.8	5 500
	800	3.51	7.63	23.94	322	288	24	13	14.0	5 600
	900	3.74	8.12	25.48	347	311	26	14	14.2	5 700
	1 000	4.05	8.67	27.20	370	332	28	16	14.4	5 800
	0	2.21	5.35	16.78	111	94	9	8	15.0	6 000
	300	2.70	6.31	19.80	202	175	15	9	15.7	6 300
	400	2.88	6.67	20.92	226	200	17	10	16.0	6 400
150	500	3.11	7.05	22.14	254	225	19	11	16.3	6 500
	600	3.33	7.47	23.44	279	248	21	12	16.6	6 600
	700	3.60	7.92	24.86	305	272	23	13	17.0	6 800

体重（千克）	日增重（克）	日粮干物质（千克）	奶牛能量单位（NND）	产奶净能（兆焦）	可消化粗蛋白质（克）	小肠可消化粗蛋白质（克）	钙（克）	磷（克）	胡萝卜素（毫克）	维生素 A（国际单位）
150	800	3.83	8.40	26.36	331	296	25	14	17.3	6 900
	900	4.10	8.92	28.00	356	319	27	16	17.6	7 000
	1 000	4.41	9.49	29.80	378	339	29	17	18.0	7 200
175	0	2.48	5.93	18.62	125	106	11	9	17.5	7 000
	300	3.02	7.05	22.14	210	184	17	10	18.2	7 300
	400	3.20	7.48	23.48	238	210	19	11	18.5	7 400
	500	3.42	7.95	24.94	266	235	22	12	18.8	7 500
	600	3.65	8.43	26.45	290	257	23	13	19.1	7 600
	700	3.92	8.96	28.12	316	281	25	14	19.4	7 800
	800	4.19	9.53	29.92	341	304	27	15	19.7	7 900
	900	4.50	10.15	31.85	365	326	29	16	20.0	8 000
	1 000	4.82	10.81	33.94	387	346	31	17	20.3	8 100
200	0	2.70	6.48	20.34	160	133	12	10	20.0	8 000
	300	3.29	7.65	24.02	244	210	18	11	21.0	8 400
	400	3.51	8.11	25.44	271	235	20	12	21.5	8 600
	500	3.74	8.59	26.95	297	259	22	13	22.0	8 800
	600	3.96	9.11	28.58	322	282	24	14	22.5	9 000
	700	4.23	9.67	30.34	347	305	26	15	23.0	9 200
	800	4.55	10.25	32.18	372	327	28	16	23.5	9 400
	900	4.86	10.91	34.23	396	349	30	17	24.0	9 600
	1 000	5.18	11.60	36.41	417	368	32	18	24.5	9 800

体重（千克）	日增重（克）	日粮干物质（千克）	奶牛能量单位（NND）	产奶净能（兆焦）	可消化粗蛋白质（克）	小肠可消化粗蛋白质（克）	钙（克）	磷（克）	胡萝卜素（毫克）	维生素A（国际单位）
250	0	3.20	7.53	23.64	189	157	15	13	25.0	10 000
	300	3.83	8.83	27.70	270	231	21	14	26.5	10 600
	400	4.05	9.31	29.21	296	255	23	15	27.0	10 800
	500	4.32	9.83	30.84	323	279	25	16	27.5	11 000
	600	4.59	10.40	32.64	345	300	27	17	28.0	11 200
	700	4.86	11.01	34.56	370	323	29	18	28.5	11 400
	800	5.18	11.65	36.57	394	345	31	19	29.0	11 600
	900	5.54	12.37	38.83	417	365	33	20	29.5	11 800
	1 000	5.90	13.13	41.13	437	385	35	21	30.0	12 000
300	0	3.69	8.51	26.70	216	180	18	15	30.0	12 000
	300	4.37	10.08	31.64	295	253	24	16	31.5	12 600
	400	4.59	10.68	33.52	321	276	26	17	32.0	12 800
	500	4.91	11.31	35.49	346	299	28	18	32.5	13 000
	600	5.18	11.99	37.62	368	320	30	19	33.0	13 200
	700	5.49	12.72	39.92	392	342	32	20	33.5	13 400
	800	5.85	13.51	42.39	415	362	34	21	34.0	13 600
	900	6.21	14.36	45.07	438	383	36	22	34.5	13 800
	1 000	6.62	15.29	48.00	458	402	38	23	35.0	14 000
350	0	4.14	9.43	29.59	243	202	21	18	35.0	14 000
	300	4.86	11.11	34.86	321	273	27	19	36.8	14 700
	400	5.13	11.76	36.91	345	296	29	20	37.4	15 000
	500	5.45	12.44	39.04	369	318	31	21	38.0	15 200

体重（千克）	日增重（克）	日粮干物质（千克）	奶牛能量单位（NND）	产奶净能（兆焦）	可消化粗蛋白质（克）	小肠可消化粗蛋白质（克）	钙（克）	磷（克）	胡萝卜素（毫克）	维生素A（国际单位）
350	600	5.76	13.17	41.34	392	338	33	22	38.6	15 400
	700	6.08	13.96	43.81	415	360	35	23	39.2	15 700
	800	6.39	14.83	46.53	442	381	37	24	39.8	15 900
	900	6.84	15.75	49.42	460	401	39	25	40.4	16 100
	1 000	7.29	16.75	52.56	480	419	41	26	41.0	16 400
400	0	4.55	10.32	32.39	268	224	24	20	40.0	16 000
	300	5.36	12.28	38.54	344	294	30	21	42.0	16 800
	400	5.63	13.03	40.88	368	316	32	22	43.0	17 200
	500	5.94	13.81	43.35	393	338	34	23	44.0	17 600
	600	6.30	14.65	45.99	415	359	36	24	45.0	18 000
	700	6.66	15.57	48.87	438	380	38	25	46.0	18 400
	800	7.07	16.65	51.97	460	400	40	26	47.0	18 800
	900	7.47	17.64	55.40	482	420	42	27	48.0	19 200
	1 000	7.97	18.80	59.00	501	437	44	28	49.0	19 600
450	0	5.00	11.16	35.03	293	244	27	23	45.0	18 000
	300	5.80	13.25	41.59	368	313	33	24	48.0	19 200
	400	6.10	14.04	44.06	393	335	35	25	49.0	19 600
	500	6.50	14.88	46.70	417	355	37	26	50.0	20 000
	600	6.80	15.80	49.59	439	377	39	27	51.0	20 400
	700	7.20	16.79	52.64	461	398	41	28	52.0	20 800
	800	7.70	17.84	55.99	484	419	43	29	53.0	21 200
	900	8.10	18.99	59.59	505	439	45	30	54.0	21 600
	1 000	8.60	20.23	63.48	524	456	47	31	55.0	22 000

体重（千克）	日增重（克）	日粮干物质（千克）	奶牛能量单位（NND）	产奶净能（兆焦）	可消化粗蛋白质（克）	小肠可消化粗蛋白质（克）	钙（克）	磷（克）	胡萝卜素（毫克）	维生素 A（国际单位）
500	0	5.40	11.97	37.58	317	264	30	25	50.0	20 000
	300	6.30	14.37	45.11	392	333	36	26	53.0	21 200
	400	6.60	15.27	47.91	417	355	38	27	54.0	21 600
	500	7.00	16.24	50.97	441	377	40	28	55.0	22 000
	600	7.30	17.27	54.19	463	397	42	29	56.0	22 400
	700	7.80	18.39	57.70	485	418	44	30	57.0	22 800
	800	8.20	19.61	61.55	507	438	46	31	58.0	23 200
	900	8.70	20.91	65.61	529	458	48	32	59.0	23 600
	1 000	9.30	22.33	70.09	548	476	50	33	60.0	24 000
550	0	5.80	12.77	40.09	341	284	33	28	55.0	22 000
	300	6.80	15.31	48.04	417	354	39	29	58.0	23 000
	400	7.10	16.27	51.05	441	376	30	30	59.0	23 600
	500	7.50	17.29	54.27	465	397	31	31	60.0	24 000
	600	7.90	18.40	57.74	487	418	45	32	61.0	24 400
	700	8.30	19.57	61.43	510	439	47	33	62.0	24 800
	800	8.80	20.85	65.44	533	460	49	34	63.0	25 200
	900	9.30	22.25	69.84	554	480	51	35	64.0	25 600
	1 000	9.90	23.76	74.56	573	496	53	36	65.0	26 000
600	0	6.20	13.53	42.47	364	303	36	30	60.0	24 000
	300	7.20	16.39	51.43	441	374	42	31	66.0	26 400
	400	7.60	17.48	54.86	465	396	44	32	67.0	26 800
	500	8.00	18.64	58.50	489	418	46	33	68.0	27 200
	600	8.40	19.88	62.39	512	439	48	34	69.0	27 600
	700	8.90	21.23	66.61	535	459	50	35	70.0	28 000
	800	9.40	22.67	71.13	557	480	52	36	71.0	28 400
	900	9.90	24.24	76.07	580	501	54	37	72.0	28 800
	1 000	10.50	25.93	81.38	599	518	56	38	73.0	29 200